Architecture · Human · Behavior

사람 · 삶 · 삶터
건축 · 인간 · 행태

정 무 웅 편저

기 문 당

≫ 서 문

본서는 단국대학교 건축대학에 설강된「인간행태와 건축」과목의 진행과정에서 수강생들의 열의 있는 Report 내용을 기초로 하여서, 강의내용의 현실성 확인과 건강한 생활체험을 위해서 관련기초이론과 함께 정리한 것이다.

건축은 그 시대의 사회문화 현상이고, 과학산업구조의 산물이다.

문화↔관습↔생활양식↔행동양식으로 순환, 연계되는 건축문화성에서 생활양식이 주요사항이고, 공간조직과 행동양식(Behavior, 행태)의 상관적 중요성에 주목하게 된다.

건축의 주인공은 공간이고, 인간은 시간과 함께 공간에서 생활한다.

이때 건축의 창의적 예술성과 함께 공간에서 인간 삶이 매우 중요하고, 이러한 삶의 주체적 표현인 행태(행동양식)의 과학적, 객관적 표현과 건축공간의 중요성에 관심을 두는 환경행태심리학의 중요성이 부각되고 있다.

이러한 배경 하에서, UIA 교육내용 가이드에 본 주제과목의 중요성이 권장, 제안되어서 세계적으로 강의되고 있고, 우리나라에서도 학부와 대학원에서 설강, 강의되고 있다.

수강생들은 본 강의의 중요성에 공감하였고 진지한 참여는 강의하는 교수의 자세를 가다듬는 계기를 만들어 주었다.

이제, 논리적이거나 체계적이진 못하지만, 서툰 학습흔적들을 모아 정리함은 과정의 중요성과 후배들을 향한 학습의욕을 남기기 위함이다. 본서를 정리, 엮음에 우리 연구실의 대학원생 변봉수, 송동준 군의 노력이 있었음을 밝히며, 어려운 여건에도 본서 출간의 기회를 주신 강해작 사장님께 감사 드린다.

2006. 4
한남동 연구실에서 정무웅

≫ 차 례

Architectural Design and Human Behavior
건축계획설계와 인간행태

_정무웅

독립된 전문분야로서 건축계획은 논리적, 합리적, 이성적 사고를 요구한다. 건축설계의 초기단계로서, 설계를 위한 총체적 건축행위로서 건축계획은 건축설계 작업에 논리적 근거를 제시한다. E.B.S(Environment Behavior Study)는 건축계획에 대한 일련의 프로그램을 갖춘 연구분야이다. 즉, 인간 ⇔ 환경 상관성을 분석하고 인간행태의 보편적 특성을 발견하여 설계행위의 계기를 제공한다. 건축을, 생활을 담는 그릇으로 이해할 때 Life → Behavior → Activity System으로 연계되는 과정은 이에 대응하는 Setting System과의 상관성이 주요사항이다. 설계(시공) → 입주(생활) → 입주 후 평가(P.O.E)의 과정 중에서 P.O.E에서 발견되는 정보자료는 다른 설계작업에 새로운 자료가 되는 설계작업의 순환성이 있음을 알 수 있다. 이때, 설계과정은 가정(Hypothesis)이고, 입주 후의 실제 생활과 P.O.E는 가정에 대한 검증단계로 이해할 수 있다.

설계가 자신이 만족하는 건축이 아니라 생활인(User)이 만족하는 건축이어야 한다는 건축행위의 정당한 가치관에 기초하고 있는 E.B.S는 현재의 연구프로그램이 보완, 지속될 때에 유효한 연구방법이 될 수 있다.

건축설계와 인간행태_Human Behavior

인간생활의 구체적 표현인 행태와 건축환경과의 상관적 요인 분석결과는 건축계획 및 설계과정에 객관적이고 논리적인 틀을 제공한다. 환경은 인간 생활에 영향을 주고, 또 인간의 여러 생활양식은 새로운 환경요소로서 인간 생활에 영향을 주는 순환성이 있다. 인간의 단위행태나 그들의 영속적 체계 (Activity System)와 이에 적합한, 또는 대응하는 환경조직과의 상관적 분석의 구체적인 작업은 건축계획에 유효하다. 이때 인간행태의 누적된 체험 속에서 그 의미나 상징성의 동질적 이미지(Identity)의 정립 및 내면적 구조의 도형화 작업(Configuration)이나, 추상적 요소의 구체적 도형화 작업은 어려운 과제이다.

그러나 단위 인간행태나 그 연속된 체계 속에서 그들 상호간의 순서, 거리, 방향, 위치, 크기 그리고 중요성의 상대적 비교를 통해서 그 기본개념의 파악이 가능해진다.

건축프로그래밍_Programming

프로그래밍은 건축계획설계의 객관성과 사용자의 생활에 쾌적함을 주기 위한 작업으로서 과학적이고 합리적인 계획단계작업이다. 건축가의 경험, 직관, 감성에 의존하던 방법과는 달리, 또한 건축가가 만족하는 창작성에만 편중되던 것과는 달리, 건축가, 건축주, 사용자가 함께 협력하여 객관적 해답을 유도해내는 작업이다. 프로그래밍 작업이 설계작업과 연계되기는 하나 많은 차이점이 있다. 즉 프로그래밍은 문제점을 추구하는 작업(Problem Seeking), 여러 가지 정보, 사실을 분석하는 작업(Analysis)인 반면에, 설계는 프로그래밍 작업에서 발견된 사실(문제점)을 해결하는(Problem Solving) 종합하는(Synthesis) 작업이다 또한 프로그래밍은 원하는 것(Wants)과 필요한 것(Needs)을 구분, 정리하여 문제의 한계성과 기능성의 범위를 결정하는 포괄적, 총체적 작업이다.

문제의식

위에서 E.B.S연구의 의의와 연구결과의 설계적용을 이한 작업으로서 프로그래밍 작업에 대해서 약술하였다. 인간행태의 보편적 경향(Tendency, Trend)을 Attribute별로 선정, 파악한 후에 Performance Criteria를 작성(글, 그림, 스케치, 다이어그램 등)하여서 설계에 응용할 수 있는 Design Guideline을 작성, 설계에 연계한다. 그러나 E.B.S연구에는 다음과 같은 고려사항이 연구대상으로 남아있다.

먼저, 보편적 경향을 파악하는 수단적 방법으로서 통계학이 이용되고 있고, 이때에 Minority 경향이 Minority = Hidden Majority로 이해하여 그 경향을 더욱 중요하게 다룰 필요가 있다.

둘째, E.B.S연구가 이론적 바탕을 확실히 하여서 논리적 틀을 갖추었으나, 이를 설계에 적용(Application, Translation)하는 연구 방법을 건축설계가와 함께 건축설계가를 연구대상으로 연구하여 연구결과를 축적해야겠다.

AHB-DESIGN 관계성

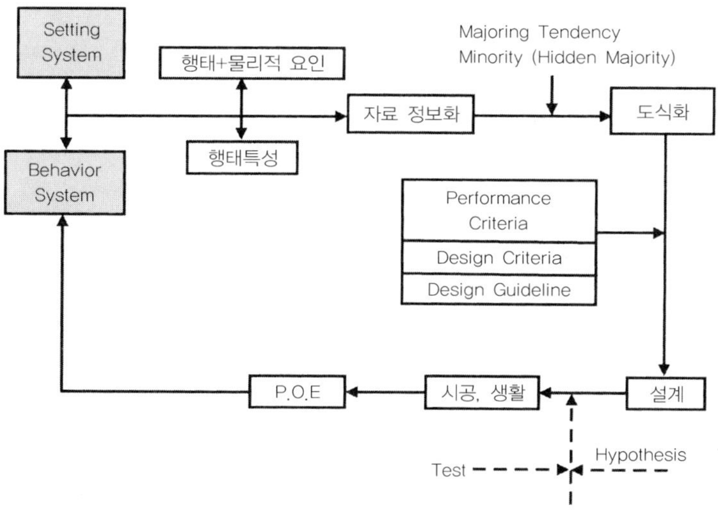

셋째, 어느 한 현상의 외향적 경향의 파악만으로는 상황의 본질적 파악이라 할 수 없으니, 그 현상의 원인과 동기를 연속으로 분석하여 문제의 근본적 해답을 얻을 수 있는 방법론이 개발되어야겠다. 또한 어느 한 현상의 보편적 경향을 다른 현상의 경향과 연계, 상관 분석하는 방법론의 개발이 필요하다.

Life Emotion and Space Transition

생활정서와 공간의 전이성

_정무웅

왜? 전이공간?

모든 건축행위는 생활과 공간과의 관계에서 비롯한다. 건축에서의 공간 - 의미, 기능, 용도 등은 그 곳에서의 생활의 수용성과 깊이 관련됨을 뜻하고, 이 때에 생활이란 단위행태의 연속된 총체적 집합을 의미한다. 공간의 물리적 특성은 시간 속의 움직임(Behavior in time)을 통한 생활과 함께 특정지어지고 활성화된다.

건축문화 ↔ 관습 ↔ 생활양식 ↔ 행태조직 ↔ 행동, 동작 등으로 순환, 연속되어지는 상관성에서 알 수 있듯이 인간행태는 생활환경으로서의 공간정서와 매우 깊은 관계에 있다. 의식적이든 무의식적이든 인간행태는 심리적 반응의 결과라고도 할 수 있고, 이 때에 공간분위기(생활정서)는 심리적 반응에 직·간접적으로 작용한다. 인간의 생활은 일정한 목표에서도 변화를 요구하게 되고, 이러한 변화는 생활의 단조로움을 다양하게 하는 계기가 되기도 한다. 일상생활용어로서 전이(Transition)의 사전적 의미는 "변화, 중간과정, 연결하는 방식, 과도적인.... 등이다. 즉"변화하는 중간과정" 또는 "서로 다른 두 가지 이상의 요소를 연결 매개시키는 중간과정" 으로 해석되어질 수 있다. 시간속의 움직임이 연속되는 생활에서, 또한 그 생활의 변화를 수용하는 건축공간에서의 "변화과정" 이 주요사항이고, 이 변화과정의 자연스러운 연결기법은 건축설계에서 매우 의의 있는 사항이다.

일반적으로 인간의 행동은

① 목적지까지의 접근과정

② 목적지 도착 및 주요행사

③ 되돌아오거나 다른 곳으로의 이동 등으로 연계되고, 각각 단위 행동이 수용되는 단위공간은 의도적으로 구별되어지거나 동일한 체계 속에 전이된다. 즉 두 가지(또는 그 이상) 이질적 요소의 급격한 변화와 이질감을 완화시키고, 갑작스러운 상황의 전환(轉換)을 조절하고 완충 또는 매개하는 기능의 공간이 절실히 요구되고, 이러한 요구는 우리의 생활 속에서 많이 체험되는 것이다. 이러한 생활정서의 요구를 전이성(Transition)이라 하고, 전이성은 1) 연속되는 이질요소 사이의 중간과정을 의미하고, 2) 이 이질적 요소의 연결기능을 갖고, 3) 두 요소의 이질성의 격차를 완충, 매개, 조절하는 기능의 개념을 뜻한다.

이때 이질적 요소란 장소적 이질성뿐만 아니라 시간적 이질성을 의미하기도 하고, 또한 위의 두 가지 요소의 복합된 상태를 의미하기도 한다. 즉 A공간(진입공간)과 M공간(주공간) 사이의 형태, 크기, 치장도, 정서적 분위기, 발생되는 형태 등의 급격한 차이 T_1(현재)과 T_2(과거) 사이의 시간적 격차에서 비롯되는 총체적 건축행위로서의 건축문화의 차이, 이러한 시간적, 장소적 그리고 이 두 가지 요소의 복합된 상태의 이질감을 조절하는 전이성의 건축적 실현이 주요사항이고 또한 매우 어려운 문제이기도 하다.

생활정서에서의 전이성

비교 문화적(Cross Culturally)으로 볼 때, 우리 민족의 생활정서 속에는 전이성에 관련된 감각과 그의 수용 실체인 공간요소들이 매우 많다. 그 중 특징적인 사항으로서 “참”과 “뜸”을 들 수 있다. 또한 누적된 생활관습을 통한 언어 의미의 도식화(Schemata) 작업에 의해서 전통건축공간의 배치기법에 의한 외부공간의 특성 및 건축 공간구성의 고유한 특성을 발견할 수 있다.

참

참에 대한 사전적 의미는

① 일을 하다가 중간에 쉬는 동안

② 일을 하다가 중간에(쉬는 시간에) 먹는 것.

③ 길을 가다가 쉬거나 묵거나 하는 곳이다(역 참)

즉 연속된 작업속의 이질적인 중간과정의 필요성이 내포된 개념이다. 농사나 공사현장에서 흔히 쓰이는 용어이고, 우리 민족의 생활 정서를 대표하는 개념 용어이기도 하다.

모든 사물이나 현상에서 이질적 요소의 만남에는 필연적으로 중간과정이 있었고, 이 중간 과정은 일의 진행의 연계상 또는 효율적 운용에 매우 유익했음을 알고 있다.

계단참은 연속되는 움직임 속의 중간휴게장소이며, 이 계단참의 적극적인 공간계획으로 다양한 공간변화가 유도될 수 있다. 계단참의 휴게공간 알코브처리라든가 참을 통한 공간 레벨의 다양화를 통한 공간구성의 기법 등은 공간의 전이성을 구체화시키는 작업이 될 수 있다.(Skipfloor Plan)

또한 툇마루는 안마당과 건물 내부의 중간 매개체로서의 역할, 통과 과정의 역할뿐이 아니라 안마당에 적극적인 기능성이 부여되는 계기가 됨을 체험한바 있다.

이때 툇마루는 마루참이기도 하고 현대의 아파트에서 현관, 발코니 등에 이러한 장소를 설치함으로써 생활정서는 안정되고 편안해질 수 있다.

뜸

음식 조리과정에서 "뜸들이다", 또는 일을 하기 전에 "뜸들이다가 한다." 든가 하는 우리 고유의 언어가 있다. 이는 우리의 생활 정서에서 매우 중요한 요소이다.

뜸에 대한 사전적 의미는 "무엇을 찌거나 삶아서 익힐 때에 불을 흠씬 때고 난 뒤에 뚜껑을 덮은 채로 얼마쯤 내버려두어 속속들이 잘 익게 하는 일" 이다. 즉 목적하는 바의 완벽한 결과를 위해서 중간 과정의 필요성이 내포된 개념용어이다. 또한 어떤 중요한 일을 하기 전에 준비과정으로서, 뜸 들이는 일은 우리의 생활관습에서 깊게 정착된 전이성 개념이다.

공간의 구성

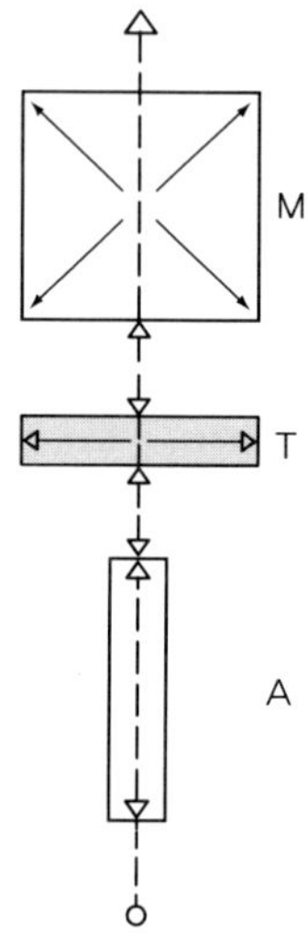

이러한 "뜸" 들이는 과정은 여유 있는 중간과정이고, 중간휴식을 의미하며, 일의 완결을 예고 또는 준비하기도 한다.

A다음에 M이 직접 연속되는 것이 아니라 T라는 "뜸 과정" 이 삽입됨으로써 A와 B의 연결은 융통성이 있고, 여유 있는 흐름이 될 수 있다. 이때 T는 전이성 개념이고, 이러한 상황에서의 공간개념을 전이공간이라 할 수 있다.

자연의 대지 위에 인공구조물인 건물을 세울 때, 기단요소를 삽입시킴으로써 어색하지 않고 여유 있게 하나가 되는 것은 우리 건축의 특성중의 하나이다.

생활정서와 공간구성

우리 건축의 공간구성 특성은 여러 채의 배치기법에 의해 형성되는 고유한 기능의 외부공간과 건물 내부와의 연결되는 일체성에 있다.

여러 단위공간들이 생활정서에 맞게 연결되어지고, 그 속에서의 우리 생활의 감각은 편안해지고 요구되는 변화감에 대응할 수 있다.

일반적으로 외부공간은 생활인의 진행방향 순서에 때라서, 또는 그 곳에서 발생하는 형태유형의 특성에 따라서 진입공간(Approach Space), 전이공간(Transition Space), 주 공간(Main Space)으로 크게 나누어지고, 이러한 단위공간들의 상황에 따른 자연스러운 연결에 의한 외부공간은 우리 생활정서에 적합하다 할 수 있다.

≫ 전이공간(T형 공간)은 진입공간으로부터 모인 동선을 주 공간 또는 다른 공간으로 분리, 연결시키고, 주(M)공간의 생활정서를 보호, 조절하는 완충, 매개역할을 한다. 진입공간과 대개의 경우, 그 곳에서의 생활행태의 특성에 의해 진입공간에 직교하는 세장형인 경우가 많다.(Sem—public 또는 Semi-private 성향)

≫ 주 공간(M형 공간)은 주요행사가 있는 곳으로서 크기, 형태, 치장도, 정서적 분위기, 발생행태 등의 급격한 변화를 수용하기에 충분한 품격을 갖추게 된다. 즉 전이공간에 의해 보호된다.(Private 성향)

지하철역의 휴게, 대기공간

위에 언급한 단위공간의 연결현상은 외부공간뿐만 아니라, 다양한 종류의 현대건축에서도 적용될 수 있다. 그 단위공간의 연결순서, 형태 등은 상황에 따라서 다소 차이는 있을 수 있으나 필요성의 요구에 의해 의도적으로 계획, 적용될 수 있다.

Culture and Life/Behavior

건축문화와 생활 / 행동양식

_정무웅

건축과 문화_Architecture and Culture

"인간이 건축을 만들고, 건축은 다시 인간을 만든다." 처칠(W. L. S. Churchill)의 말이다.

건축의 문화성(Culture in Architecture), 문화 속의 건축(Architecture in Culture), 이 두 개의 개념은 선형으로 이어지는 별개의 것이 아니고, 연속되어 순환되는 상호연계성을 띠고 있다. 인간에 의한 모든 생활양식을 포한한 그 시대, 지역의 문화요소는 건축에 반영된다. 이렇게 형성된 단위문화는 시간과 지역(공간)을 통해서 변화하거나 연속 계승된다.

비가시적이고 추상적인 문화개념과 가시적이고 구체적인 건축행위와는 그 거리가 멀다.

위 두요소의 거리를 연결시키기 위해 문화와 건축환경, 건축환경과 인간 행태조직의 상호보완적이고 순환하는 상관개념의 파악이 중요하다.

문화와 건축환경_Culture and Built Evironment

문화란 매우 포괄적이고 추상적인 총체의 개념으로서, 라틴어의 Cultura에서 파생한 번역어이며, 그 본래의 뜻은 경작, 재배이다. 문화에 대한 사전적 개념은 "인류에서만 볼 수 있는 사유행동양식(생활방식) 중에서 유전에 의한 것이 아니라, 학습에 의해서 소속된 사회로부터 습득하고 전달 받는 것" 을 포괄하는 총칭이다.

문화에 대한 개념정의는 관점에 따라서 150여 개가 있으나, 대체로 다음과 같은 세 개의 개념으로 집약된다.

① 어느 집단의 전형적인 생활양식(A Way of Life)

② 상징매체를 통해 전달되는 일련의 상징, 의미, 규범(System of Symbols, Meanings, and Schemata)

③ 자원과 생태계에서 생존을 위한 일련의 적응단계(A Set of Adatative Strategies)

위의 여러 사항들을 요약하면 "시간을 통하여 학습에 의해 전승하는(받는) 생활양식(Life Style)과 그 생활방식 속에 내재되어 있는 상징적인 생활규범(Meaning and Schemata)" 이다. 즉 문화는 환경 ↔ 행태 상관성을 포함하고 그 상관성은 문화의 주요한 요소이다.

인간생활을 위한 모든 인공환경과 행동양식과의 상관성을 담는 그릇으로서의 건축과 담겨진 생활 자체를 포함한 포괄적인 총체가 문화이다. 건축을 한다는 것은 하나의 문화현상이고, 그 형태나 내용(공간질서+생활양식)의 조직은 그것이 속하는 문화환경에 큰 영향을 받는다.(Architecture in Culture).

문화 ↔ 환경 ↔ 행태의 상관성

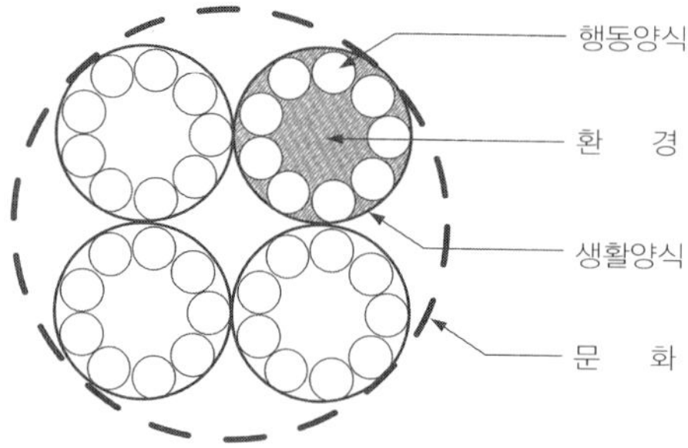

건축환경과 인간행태_Environment and Human Behavior

환경(Evironment)이란 "유기적 생명체는 물론 그를 에워싸고 있는 유형, 무형의 모든 것"을 의미한다. 그 중에서 건축환경과 인간행태와의 상호관계는 건축문화 및 그에서 연결되는 건축공간의 설계과정에서 매우 중요한 과제이다.

위와 같이 생활양식은 어느 지역, 집단의 누적된 여러 행동양식에 의해서 이루어지고, 이 행동양식은 여러 행태 및 행태조직으로 형성된다.

인간생활의 구체적 표현인 행태와 환경과의 상관적 요인의 분석결과는 건축계획 및 설계과정에서 객관적이고 논리적인 틀을 제공한다.

환경은 인간생활에 영향을 주고, 또 인간의 여러 생활양식(행동양식, 인간행태)은 새로운 환경요소로서 인간생활에 영향을 주는 순환성이 있다.

인간의 단위행태나 그들의 연속된 체계와 이에 적합한 또는 이에 대응하는 환경조직의 상관적 분석의 구체적인 작업으로써 인공환경 계획단계에서 유효한 성과가 있다.

이때, 인간행태(조직)의 누적된 체험 속에서의 의미나, 상징성(Meaning

문화개념과 설계과정의 관련성

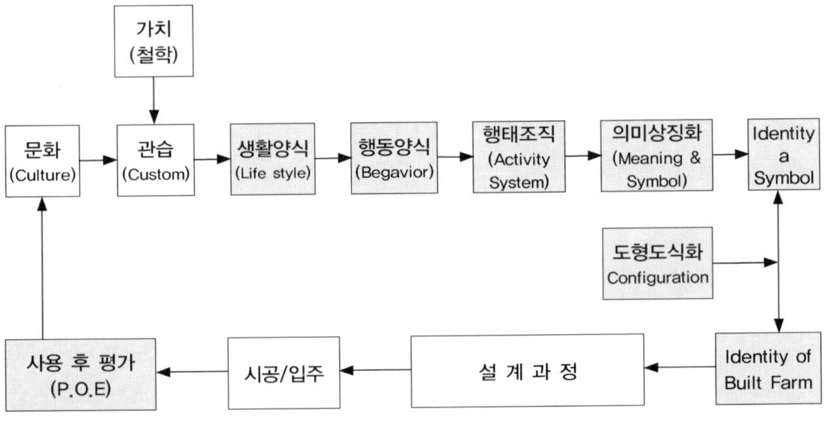

형태의미 상징성의 도식화 작업

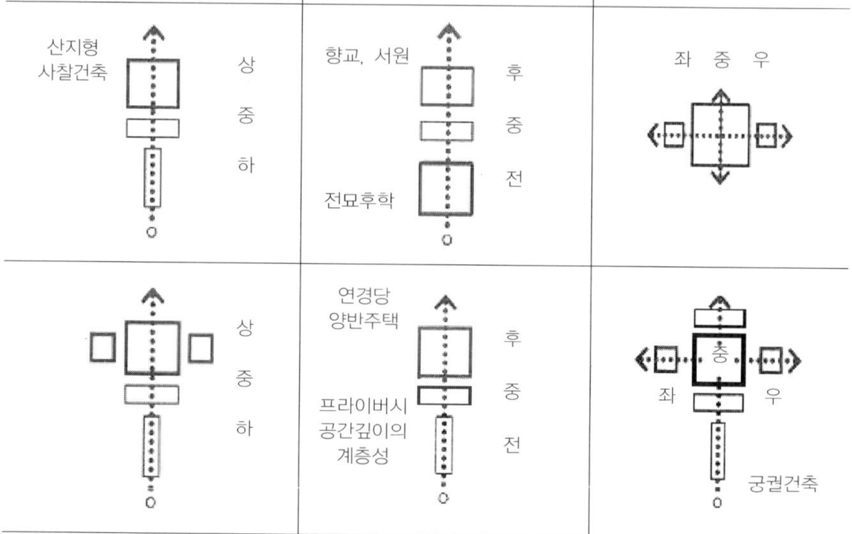

상 · 중 · 하 개념	전 · 중 · 후 개념	좌 · 중 · 우 개념
중요하고 귀한 것은 상단에 上위 · 웃어른 · 상관 → 관념 → 도형화	일의 순서로서의 관념 → 도형화 (웃어른들을 먼저 뵙는다.)	중요한 것 중심에 배치 · 左右에서 보좌

of Symbol)의 동질적 이미지(Identity) 정립 및 내면적 구조의 도형화(Configuration) 작업이 매우 중요한 사항이지만 어렵다.

이를 위한 연구는 여러 나라, 여러 분야에서 활발히 진행되고 있으나 추상적 요소의 구체적인 도형화 작업으로서 어려운 과제이다. 그러나 단위 인간행태나 그 연속된 체계 속에서 그들 상호간의 순서, 거리, 방향, 크기, 위치, 그리고 중요성의 분석을 통해 그 기본개념의 파악이 가능해진다.

문화와 생활양식의 변화_Change of the Culture and Life Style

"전통" 이란 어휘의 사전적 개념은 "계통을 전해 받음" 또는 "이어받은 계통" 이다. 이때에 시간성이 논의되고, 시간을 통해서 변치 않는 요소의

Cultural Core와 Periphery Element 크기

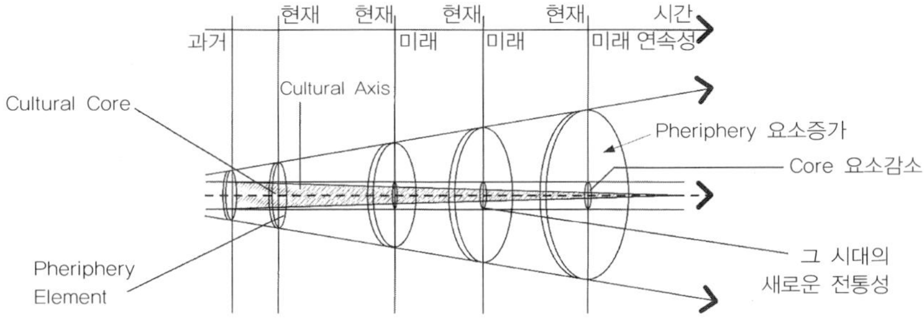

발견이 문제가 된다.

"전통"이란 어휘의 개념이 "오랜 세월을 통해 오늘날까지 전해 내려오는 원형적 요소 또는 "유전적 우성인자"로 이해될 때 자연스럽게 "현대"와 결부된다. 즉 그것을 논하는 시점에서 소급되는 시간성과 생활(Life → Behavior → Activity)로써 체험, 공감하는 공간성의 양면이 동시에 검토되어야 한다.

시간의 변화에 따라서 생활양식이 변하고, 그 생활을 담는 건축환경 역시 변한다. 이때에 쉽게 변하는 요소를 Periphery Element라 하고, 변치 않거나 느리게(조금씩) 변하는 요소를 Cultural Core Element라 한다. 일반적으로 Core Element에는 언어, 종교, 가족제도, 식사, 영역성이나 사적 보호의식(Privacy),생활양식이나 태도(Manners), 생활규범 등이다. 시간의 변화에 따라서 Core Element의 종류, 정도, 크기 등은 점차 약화되는 반면에 Periphery Element의 종류, 크기, 범위 등은 증대한다.

생활과 적응_Culture and Adaptation

이질적인 배경의 두 개(또는 그 이상)의 문화가 접했을 때 나타나는 적응과정 및 분석결과는 문화의 원형요소(전통성) 파악에 있어서 주요사항이다.

이때, 이질적이란 개념은 시간적 차이, 지역적 차이에 따른 문화배경의 차이를 의미한다. 즉 현재생활과 과거 생활의 만남, 한 지역에서 다른 지역으로 이주하는 경우이다. 보편적이고 우세한 경우의 문화를 주인문화(Host Culture)라 하고, 지엽적이고 약세의 경우를 이입문화(Migrant Culture)라고 한다.

대부분의 경우 Migrant Culture는 Host Culture에 흡수 · 동화되고, 그 과정에서 서로 상치 · 충돌하는 현상이 나타난다. 그러나 개개문화의 요소는 쉽게 변하지 않고, 원형을 보존하거나 두 문화의 혼화된 변형(Syncretism. 한옥마루의 거실화, 한옥부엌의 입식화)으로 지속된다. 과거(또는 이 지역)와 현재(전지역)의 두 문화요소 혼화형은 그 시대(그 지역)의 새로운 전통성으로 인식할 수 있다.

두 문화가 접했을 때 약세의 문화는 우세한 문화의 영향을 많이 받으면서 크게 변하다가 시간의 흐름에 따라(Generation이 바뀌면서) 고유한 것을 원하게(Want) 되고, 그다음에 실제 생활에서 필요한 것으로 요구(Need)하게 된다.

실제상황에서 "원하는 것"과 "필요한 것"이 항상 일치하지는 않으며, 그 관계는 생활에서의 적응과정에서 문화배경의 강약에 의해 변화한다.(Want 〉 Need, Want = Need, Want 〈 Need)

두 개의 문화가 만나 충돌 · 동화하는 과정

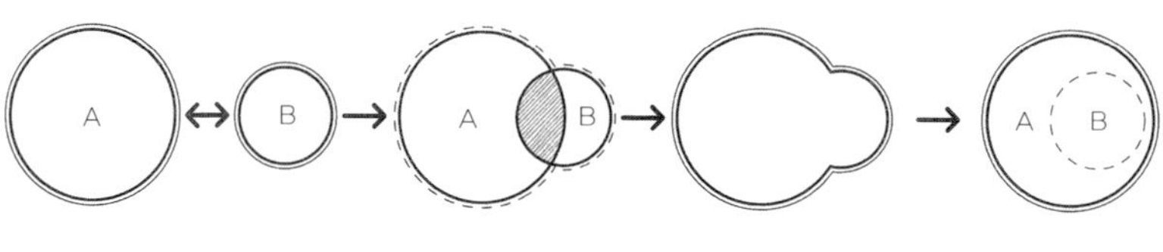

바닥패턴과 Wayfinding

1 대학캠퍼스 내에서의 사람들의 움직임

+ 대학캠퍼스 보행자의 행태분석
+ 교내 중앙도서관에서의 사람들의 모습
+ 학생 식당 내에서의 인간의 행태

대학캠퍼스 보행자의 행태분석

_김민관

_김태혁

_정현용

_홍종호

1. 조사배경 및 목적

국내의 많은 대학들은 캠퍼스 계획 시, 대학 본질적 측면의 각 분야 간 정보교환과 교류증진을 미흡하게 취급하고 있고, 건물 군이라는 공간적 단위에 의해 단과대학이나 계열별로 분산, 격리시키는 계획을 하고 있으며, 특히 이러한 것들을 연계시켜주는 기능을 하는 캠퍼스 내 동선계획(특히, 보행자 동선) 역시 시설물 상호간의 관계, 활동 상호간의 관계 등을 복합적으로 검토한 후, 사용자 위주의 계획을 해야 함에도 불구하고 지나치게 차량 위주로 계획하여 캠퍼스를 이용하는 보행자들에게 불편을 줄 뿐만 아니라, 이로써 동선계획상에서 고려하지 못한 상이한 보행패턴이 발생되는 문제점을 드러내고 있다.

본 조사에서는, 캠퍼스 내 주요동선 상에서 일어나는 보행행태를 조사·분석하여 캠퍼스 내 보행자 동선을 바람직한 방향으로 개선하는데 초점을 맞추었으며, 그 방법으로 주로 주요동선 상에서 나타나는 구간별 보행특성 및 주요시간대별(등·하교시간대, 점심시간대, 강의이동시간대) 보행특성을 조사하였으며, 이 조사를 통해 나타난 캠퍼스 내 주요동선상의 보행밀도 및 보행패턴 특성을 가지고 보행행태와 그 공간간의 적절성을 파악하였다. 그리고 마지막으로 조사·분석한 자료를 토대로 캠퍼스 내 주요동선상의 구간별 개선방안을 생각해보았다.

2. 조사대상지 현황 및 조사지점

본 조사는 필요성에 의거, 단국대학 캠퍼스를 조사대상지로 선정, 조사 · 분석하였다.

단국대학 캠퍼스 대지 위에 본관을 중심으로 남서측에는 공학계열, 동측에는 사회계열, 북측에는 자연계열, 체육계열, 및 인문계열 건물이 배치되어 있고, 도서관, 복지관(학생 복지시설) 등이 본관 주변에 위치하고 있다.

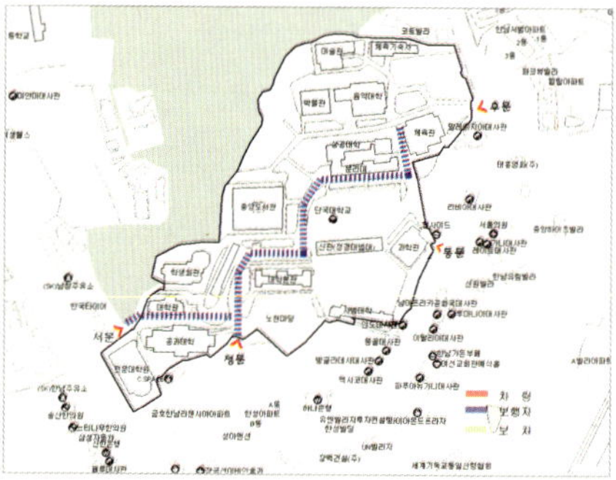

주 보행로

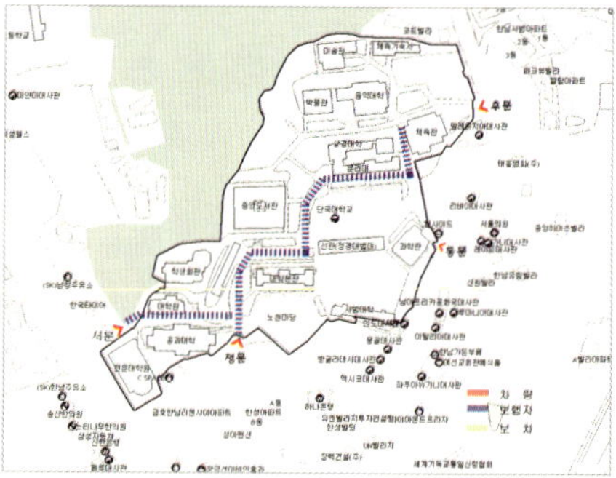

주 차량동선

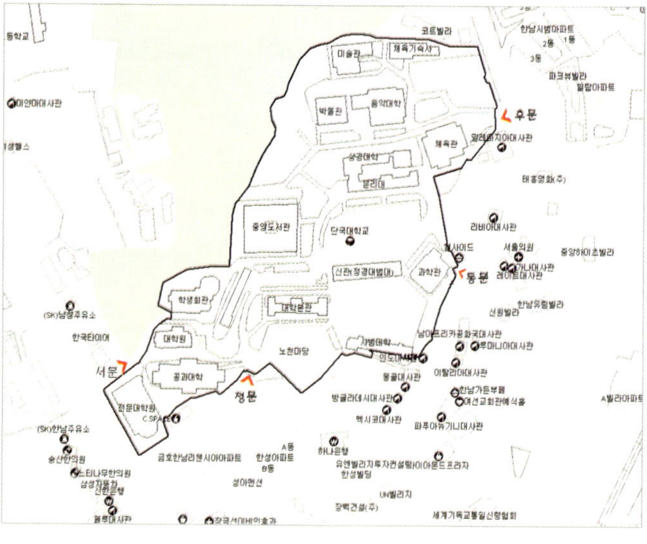

대학교 서울 단국캠퍼스

그밖에 학생들이 주로 이용하는 캠퍼스 내 주요시설인 구내식당, 주 출입구, 그리고 교양수업이 주로 이루어지는 이부학관 등이 캠퍼스 곳곳에 자리잡고 있다.

단국대학 캠퍼스의 전반적인 동선체계는 비교적 원활하게 형성되어 있는 편이나 차량동선과 보행동선이 혼합되어 있고, 도로의 위계도 명확하지 않아 복잡하고 사고의 위험이 많은 상태이다. 차량동선은 서문~정문~후문에 이르는 도로를 중심축으로 보조도로가 주요도로 사이를 연결시켜 주고 있는데, 지형의 형상에 따라 동서방향의 도로가 주로 형성되어 있다. 캠퍼스의 보행자전용도로는 부지 중앙부에 동서를 가로지르는 형태로 정문~도서관~상경대에 이르고 있는데, 가로수가 잘 정비되어 있고 캠퍼스의 중심공간, 학생들을 위한 복지공간, 운동장 및 체육관 등과 자연스럽게 연계되어 있어 보행이 집중되는 경향을 보인다. 하지만 이동의 기능이 대부분으로, 휴식이나 산책, 만남과 같은 기능은 수용하지 못하고 있다.

단국대학 서울 캠퍼스 보행행태 조사·분석을 위한 사례조사 지점은 캠퍼스 내 주요시설들을 연계시키고, 그로 인해 보행이 집중되는 보행자 동선들로 선정하였는데, 캠퍼스 내 주 출입구(정문, 서문, 후문), 학생회관 식당 및 도서관, 그리고 상경대 등을 연계시키는 보행자 도로 및 보행자전용도로를 조사지점으로 최종 선정하였다.

3. 주요동선상의 보행패턴 조사·분석

주요동선상의 보행패턴 조사는 2004년 11월 24, 25, 30일, 12월 1, 2, 7, 9, 16일 총 8번 이루어졌고, 조사지점은 캠퍼스 전체를 살펴보되, 보행량 조사가 이루어진 지점을 집중적으로 관찰, 조사함으로써 구간별, 시간대별 조사가 이루어졌다. 조사시간은 일정하게 정해진 것은 아니었지만 보행량 조사가 이루어졌던 등·하교시간대, 강의이동시간대, 그리고 점심시간대에 보행패턴 관찰도 함께 이루어졌고, 그 외에는 관찰자 임의로 캠퍼스 전체를 돌면서 관찰, 사진촬영, 기술하는 형식으로 조사가 실시되었다. 보행패턴의 기술은 패턴을 구분하는 틀 없이 관찰한 행위를 그대로, 객관적인 사실만을 기술하였다.

등교시간대의 경우, 대부분 1인 이동이 많고, 빠른 속도로 캠퍼스 내로 진입하는 보행이 많이 이루어졌는데, 이들 대부분은 수업을 받기 위해서거나 도서관으로 이동하는 보행으로서 보도나 차도 위를 일렬로 행진하는 경향을 보였다. 반면에, 하교시간대의 경우에는 무리를 지어 차도나 보도 위에 넓게 펼쳐진 형태의 보행이 많이 이루어졌는데, 느린 속도로 서로 담화나 장난을 치면서 이동하였고, 보행방향도 캠퍼스 내로 분산되거나 주 출입구 주변 또는 캠퍼스 내 중심공간에 모이는 현상을 보였다.

점심시간대의 보행패턴을 보면, 식사를 하러 가는 보행의 경우는 2~3명, 많게는 7~8명 정도의 그룹을 지어 천천히 이동되는 현상을 보였으며, 식사를 끝낸 후의 경우엔 식당가 주변이나 캠퍼스 내 중심공간에서 식사 후 휴식, 담화, 혹은 음료수나 담배를 피우는 등의 정체되는 경우와 산책을 하거나, 식사 후 바로 이동하는 등의 보행패턴을 보였다.

강의 이동시간대의 경우엔 다음 강의를 위해 이동하는 보행패턴과 연속된 강의가 없는 경우의 보행패턴, 2가지가 나타났다. 다음 강의를 위해 이동하는 보행패턴의 경우는 1인 이동, 혹은 2~3명의 그룹이동을 보이며, 매우 빠른 속도로 보행이 이루어지는데 반해, 연속되는 강의가 없는 것으로 보이는 경우는 1인 혹은 2~3명의 그룹이 느린 속도로 걸어가거나, 혹은 걸어가면서 담화를 하거나, 보행 중 누군가와 만나고 잠시 머물면서 이야기를 하는 등의 보행패턴을 보였다.

그밖에 캠퍼스에서 일어나는 보행패턴으로, 차와 상충되는 지점에서의 보행패턴을 들 수 있다.

사람의 보행동선과 차량의 주차동선이 혼재되어 있어 보행에 많은 방해와 위험한 요소가 되고 있다.

위의 그림은 2004.12월 캠퍼스 내에서 차와 상충되는 지점들을 보여주고 있는데, 차와 보행자가 마주치는 경우, 대체로 보행자들이 차를 피하는 경향을 보였다. 물론, 차가 서서히 지나가거나 멈춰서는 경우도 있기는 하지만, 이러한 현상은 전반적으로 보행에 불편을 주고 보행의 안전에 있어서도 문제가 되며, 연속된 보행의 흐름에 방해가 되는 현상이라고 할 수 있다. 캠퍼스에서, 차와 상충되는 지점들 중 가장 문제가 되는 부분은 공대에서 정문에 이르는 길인데 이곳은 보행자가 전체 캠퍼스로 진입하기 위해서는 반드시 통과해야 하는 지점이다. 이 지점은 상당히 많은 차들이 유입될 뿐만 아니

라, 보행 또한 많이 일어나고 있어 항상 차와 보행자가 교차되는 보행패턴을 보이며, 도로를 건너는 보행자들의 안전문제가 심각한 실정이다. 마지막으로, 캠퍼스에서 나타나는 보행패턴 중 특이할 만한 것은 보도나 도로로 지정되지 않은, 소위 말하는 길이 아닌 곳에서도 보행이 이루어지고 있다는 점이다. 캠퍼스 내 조성된 녹지들 사이에 보면, 오랜 시간 동안 보행이 이루어져 왔다는 것을 나타내 주는 임의의 길이 형성 되어 있는데, 주변에 자라고 있는 잡초나 잔디와는 대조적으로 단단하게 굳은 땅의 모습을 드러내고 있다. 이러한 보행패턴은 지금도 계속되어지고 있고, 이 길은 캠퍼스 지도 내에 도로로 표시되어 있지는 않으나, 단국대학 학생이라면 누구나 알고 있는 길로써, 어떤 목적지로의 지름길 역할을 한다.

주로 빠른 길을 선호하는 보행 특성으로 형성된 보행로로는, 이러한 길뿐만 아니라, 곳곳에 생긴 출구, 울타리 식재에 생긴 구멍 등을 들 수 있으며 캠퍼스 곳곳에서 발견되고 있다. 이와 같이 도로가 아닌 곳이지만, 보행이 이루어지고 있는 곳을 살펴보면 다음 그림과 같다.

보행패턴 조사를 통해 관찰해 본 결과, 캠퍼스의 주요동선 상에는 매우 다양한 보행 특성들이 나타나고 있었다.

예를 들면, 대부분의 보차병행도로의 경우, 보도와 차도가 하나의 가로공간에서 서로 구분·계획되어 있음에도 불구하고, 보행이 보도에서만 이루어지는 것이 아니라 매우 임의적으로 이루어지는 특징을 보여주고 있었다. 보도와 차도가 구분·계획되어 있는 보차병행도로라 할지라도, 적절한 보도폭을 확보하여 보행동선이 불필요하게 차도를 이용하지 않도록 하는 것이 바람직할 것이다.

▲ 서문 : 사람들의 왕래가 많은 지역이지만 차량의 진입공간이 훨씬 크다.

◀ 정문 : 불법주정차된 차량으로 인해 보행이 불편하다.

후문 : 주차장으로 인해 보행이 불편하다.

캠퍼스의 주요동선 상에서 나타난 또 다른 보행 특성으로는, 보차분리도로의 경우를 들 수 있는데, 캠퍼스의 보차분리도로의 경우는 보행패턴이 단순한 이동동선의 기능이 아닌 만남, 산책, 그리고 휴식 등 복합적인 기능을 나타내고 있음을 알 수 있었다.

따라서 캠퍼스의 보차분리 도로에서는 이러한 기능에 맞는 행태장치들을 조성해주는 것이 바람직할 것이다.

마지막으로, 캠퍼스의 주요동선 상에서는 차량에 의해 보행동선이 위협을 받는 현상, 즉 차량동선과 보행동선이 상충되는 지점이 많이 나타나고 있었다. 이는 보행의 연속적인 흐름을 방해하고, 보행자의 안전을 위협하는 것으로써 개선되어야 할 부분인데, 특히 캠퍼스의 주 출입구중 보행량이 가장 많은 서문의 경우, 공대 부근에서 사범대 · 상경대로 가기 위해서는 반드시 건너야만 하는 도로구조로 이루어져 있어 보행자의 안전사고 위험이 항상 내재되어 있는 문제점을 안고 있었다.

그러므로 차량동선과 보행동선이 상충되는 지점, 특히 차도를 건너야 하는 보행패턴이 자주 발생되어지는 공대에서 정문에 이르는 도로 같은 곳은 과속 방지턱이나 횡단보도의 적절한 설치, 바닥패턴의 변화 등 보행자를 보호할 수 있는 조치를 취해야 할 것이다.

4. 결론 및 제안

본 조사는 캠퍼스 동선계획이 지나치게 차량 위주로 계획되어 있어 캠퍼스 내 보행자 동선이 제 기능을 제대로 수행하지 못하고 있다는 문제인식 하에서, 본교를 중심으로 주요동선 상에서 일어나는 보행행태(보행량 및 보행패턴)를 조사·분석하여, 캠퍼스 내 보행자동선에 대한 바람직한 개선방안을 생각해보고자 하였다.

대부분 피크시 보행량에 비해 보도 폭이 부적절하였고, 학생들의 보행이 집중되는 캠퍼스 내 중심공간의 경우엔 대기공간이 부족한 것으로 나타났다. 또한, 보도와 차도가 구분·계획되어 있는 도로라 할지라도 보도 폭이 충분하게 확보되어 있지 않은 경우에는 보행이 보도에서만 이루어지는 것이 아니라, 매우 임의적으로 이루어지는 특성을 보였으며 차량에 의해 보행동선이 위협을 받는 현상, 즉 보행동선과 차량동선이 상충되는 지점이 많이 나타났다.

따라서 부적절한 보도 폭 및 대기공간을 가진 부분은 보행교통 서비스 수준을 토대로 보도 폭 및 대기공간을 확충해야 하며, 보도와 차도가 구분·계획되어 있는 도로라 할지라도 적절한 보도 폭을 확보하여 보행동선이 불필요하게 차도를 이용하지 않도록 해야 할 것이다.

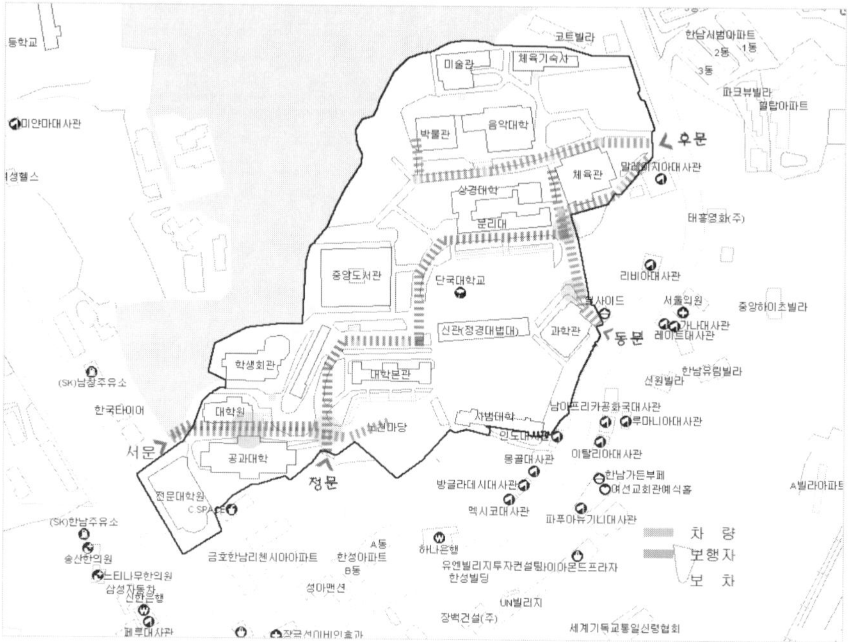

보차 상충지점

운동장

주차장

그리고 보행동선과 차량동선이 상충되는 지점은 과속 방지턱이나 횡단보도의 적절한 설치, 바닥패턴의 변화 등을 통해 보행자를 보호할 수 있는 조치를 취해야 할 것이다.

그러므로 캠퍼스 내 보행자동선이 시설물 상호간, 활동 상호간의 관계를 연계시키는 제 기능을 제대로 수행하도록 하기 위해서는, 향후 캠퍼스 동선 계획 및 개선 시, 캠퍼스 내 주요동선 상에서 나타나는 보행행태(보행량과 보행패턴)와 그 공간간의 적절성을 파악하고, 보행자의 편의를 고려하여 보행자 동선을 우선으로 하는 동선계획이 이루어지는 것이 바람직할 것이다.

교내중앙도서관에서의 사람들의 모습

_오정민
_박정란
_김경은
_안상민
_김우석

건축공간에 있어서 이동과 관련된 요소는 출입구, 복도, 계단, 대기공간, 안내표시체계이다.

처음 오는 사람과 오랜만에 방문하는 사람은 공간 전체에 대한 인식도가 낮아 공간 내부에서의 활동이 자유롭지 못하며 목적지를 찾아가기가 어렵다. 또한 다양한 기능과 공간을 요구하는 현대건축에서 특히 자연발생적으로 미로공간이 생겨나고 목적지로 도달하는 것이 어려울 때가 많다.

물론 건축공간을 이해하는 것이 학습과정과도 같아 경험 후 공간형태와 조직을 이해하게 되는 것이지만 많은 인원을 동원하고 기능적인 건축물에서 건축공간이 제공하는 정보가 혼란스럽지는 않은지 알아볼 필요는 있다.

이러한 점에서 우리 조는 본교 학생들이 많이 이용하는 도서관 1층, 2층, 3층을 중심으로, 공간조직을 Wayfinding 측면에서 분석해보았다.

먼저 주출입구인 1층 로비에서부터 1층 열람실과 2층 자료실에 도달할 때까지 공간이 위계적으로 잘 짜여져 있는지, 로비는 Node점으로서의 동선흡수와 분산을 효과적으로 잘 시키고 있는지 살펴보았다.

≫ Behavior

① 바쁘게 이동하는 사람들

② 그 옆에 서서 그룹으로 얘기를 하거나 또 다른 사람을 기다리는 사람들

→ 이러한 두 부류의 사람들의 동선이 겹치고 정체되어 혼잡해 보인다.(Crowdness)

1층 평면도

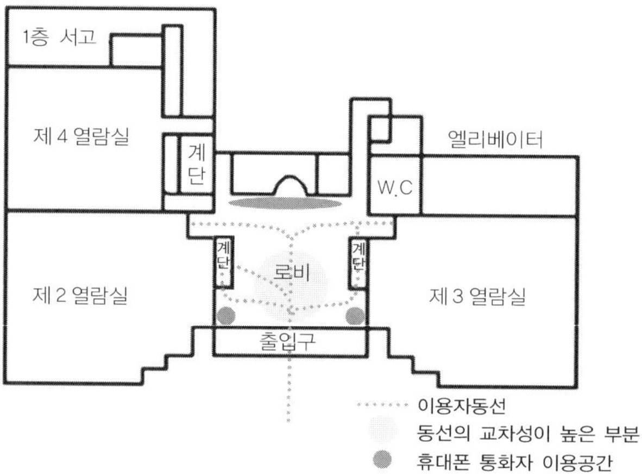

출입구로 들어온 후, 사람들의 동선의 빈도수

	오전 (Open)	점심시간 전후	오후	비고
계단 (좌)	#	#	#	그나마, 좌석배치 기기 덕에 약간 증가
계단 (우)	###	######	#####	
좌석배치 기기	#####	#####	####	로비의 일시적 동선 정체
제2열람실	##	####	#####	
제3열람실	####	####	####	
로비, 화장실, 기타	###	#	##	
지하	#	#####	#####	휴식동선이 집중되므로 빈도수가 높음

≫ **개선점**

도서관 입구 쪽에 기다리거나 얘기를 할 수 있는 적당한 공간을 마련해 줌.

– 왼쪽 계단보다 오른쪽 계단의 이용 빈도수가 많은 이유

– 사용자들이 주로 사용하는 2층의 용도(도서반납, 휴식, 스터디, 정보검색 등)를 사용하기 한 동선의 길이가 가장 짧다.

로비의 출입구 쪽 좌우

≫ Behavior

구석에 들어가 통화를 하는 사람들이 많다.(유리블록 벽이 마치 공화전화 박스 같은 분위기를 자아내므로, Private한 공간을 찾는 사람들에게 적당한 장소이다.)

≫ **개선점**

좀 더 Private한 공간으로 식재 · 유리블록과 어울리는 밝고 재미있는 휴

식공간을 만들어주면 dead space도 줄고 열람실 부분의 소음도 줄어들 것이다.

* 로비의 뒷부분 (동상 주변)

≫ Behavior

열람실에서 공부하다 나와서 기둥이나 장식장에 기대어 서서 전화통화를 한다.

도서관의 이미지 중심적인 역할도 제대로 못 살리고 있다.

친구를 기다린다.(Waiting)

≫ **개선점**

파티션, 간이의자, 걸터앉을 수 있는 기구로 조금은 더 Private한 공간을 만들어 주고 동상의 의미 또한 더 살아날 수 있겠다.

* 로비의 중심부분

≫ Behavior

기다림, 약속, 만남 등등... 다양한 Activity가 일어난다.

≫ 개선점

공간의 중요도에 비해 무미건조하고 그 안의 동선 자체가 일시적으로 정체되고 혼잡해지기 쉽게 되어 있어 약간의 공간분리가 필요하다.

≫ Behavior

사람들의 커뮤니케이션이 주로 일어난다. 그러나 장소가 협소하고 각 열람실의 입구가 로비에서는 보이지 않고 그것에 대한 사인도 찾아보기 힘들다.

≫ 개선점

공간의 위계로 보아서는 이 공간이 Semi-Public Space의 역할을 하는데 사실상 그 스케일도 작고 역할도 모호하므로 밝고 건강한 Semi-Public Space(Common Zone, Grey Zone)를 만들어 주어 이용자들이 공간을 제대로 활용할 수 있도록 해주자!

≫ Behavior

무미건조한 로비를 활성화시키는 계기를 만들어 주었지만 평면디자인 자체가 이러한 변화에도 가변적으로 수용함이 부족해 줄이 길어져서 정체되면 다른 사람들의 동선에 방해가 된다.

≫ 개선점

좌석배치 기기 이용자들의 동선을 다른 방향으로 이끌어주거나, 그 용도만의 공간을 확실히 구분지어 주는 것이 필요하다.

*** 제2열람실과 제3열람실 내부**

<table>
<tr><th>유형</th><th colspan="2">오래 앉아 공부할 사람 (2시간 이상)</th><th>잠깐 앉아 공부할 사람 (2시간 이내)</th></tr>
<tr><td>선호하는 자리</td><td>창가쪽</td><td>구석진 자리</td><td>열람실 출입구 부분, Side 부분</td></tr>
<tr><td rowspan="2">선호 이유</td><td>밝고 쾌적</td><td>프라이버시 확보</td><td rowspan="2">이동이 편리 (동선의 길이 짧아)</td></tr>
<tr><td colspan="2">취향에 따라 집중할 수 있는 환경 조성</td></tr>
</table>

≫ **Behavior**

공부, 얘기(?), 잠자기(?)

≫ **개선점**

번호로만 자신의 자리를 찾아야 하므로 열람실 개별의 특징을 만들어주면 인식성에 있어서 훨씬 효과적일 것이다(책상의 배치적 특징, 실의 색깔, 등) 조도의 문제(자리마다 빛이 고르지 못하고 그림자가 지는 부분이 생긴다.)

도서관 1층 종합

* 장점

① 출입구를 지나면 정면의 동상과 2층높이의 로비가 입구로서의 인식성을 잘 나타내고 있다.

일반 열람실

동선의 개선방안

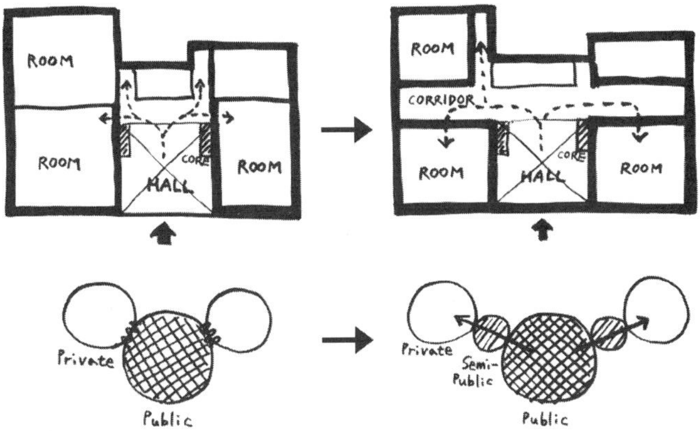

② Core 부분 (양 옆의 계단)이 공개되어 있어 편리하다.
(도서관 밖에서도 보이므로, Preview가 가능하여 기능이 명확하고, 동선을 최단거리로 줄일 수 있다.)

* 단점

– 공간과 동선의 체계, 위계가 제대로 되어 있지 않다.

* 개선점

① 공간의 위계를 잡아주자!
Public → Semi-Public → Private → 이것이 곧, 동선의 질서를 잡아

줄 것이다.

② Semi-Public Space를 효율적으로 활용한다.
(communication 적극적 도입)

③ 적절한 휴게공간을 확보해주자!

1층은 도서관 이용자들의 동선의 빈도수가 가장 높은 공간임에도 불구하고 휴게공간이 없다. 물론 정숙을 요하는 학습공간이고 본교 학생들의 사용만 허락하기 때문에 휴식공간은 지하로 집중시키려는 의도는 보이지만 Dead Space(입구의 좌우 등)의 효율적인 이용으로 작은 휴식공간을 만들어준다면 로비 여기저기에 분산, 정체되어 있는 동선도 줄여 더욱 정숙한 환경이 될 수 있을 것이다. 공간

학생 식당 내에서의 인간의 행태

_류재근
_김진욱
_송승원
_한정욱
_김영빈
_김해중

1. 연구의 바탕

인간의 행태는 복잡한 문제이며, 여러 분야에서 관심을 끌고 있다. 인간행태에 관한 정보의 양은 굉장히 많다. 하지만 우리(건축을 하는 사람들)가 생각해야 할 부분은 환경(건조환경)과 행태 사이의 관련성이다. 인간의 행태는 '어떠한 종류의 환경에 자신이 속해 있는가?' 또 어떠한 식으로 환경의 영향을 받고 있는가?' 등의 여러 조건들에 따라서 다양한 모습을 보인다. 그러한 행태들의 유형은 친교형성, 집단소속감, 개인공간, 개인의 지위, 영역성, 의사전달, 단서파악, 개인의 안전 등의 항목으로 나누어 볼 수 있다. 물론 건축가의 디자인이 낯선 사람들을 순식간에 친구가 될 수 있도록 하거나, 홀로 있는 사람에게 온화하고 지지하는 집단의 소속감을 열어주는 것 같은 마력이 있는 것은 아니다. 건축가의 책임은 친교를 유도하는 상호작용을 고무할 수 있는 세팅(Setting)을 제공하는 것이며, 더 중요한 것은 그러한 상호작용을 억제하고 방지하는 세팅의 창출을 피하는 것이다.

사실 인간특성은 모든 측면에서 관련이 되어 있어서 그것들 사이의 경계를 설정한다는 것은 어렵다. 친교형성과 집단 소속감을 분리된 문제로 논하는 것은 편리하지만, 그 둘은 밀접하게 관련된다. 개인의 지위에 대한 관심과 개인의 권리에 대한 영역감 사이에 선을 긋는 것은 마찬가지로 어려울 것이다. 어떤 것은 타고나고 어떤 것은 문화적으로 형성된, 일련의 동기요인에 사람들이 따른다고 보는 것이 좀더 정확하다. 어디서 온 것이든 이러한 요인들은 시간에 따라 다른 방식으로 작용하여 소위 인간특성이라 불리는 현상을 형성한다.

– 「인간행태와 건축디자인」 발췌 –

2. 연구의 방향

≫ 연구배경 및 목적

많은 건조환경에 있어서 공간에 따른 인간의 행태가 고정패턴화 되어 특징이 나타나게 된다. 즉 환경(건조환경)과 행태 사이의 관련성을 말하는 것인데 환경은 인간의 여러 행위가 일어날 수 있도록 지원해주며, 이러한 관련성과 고정 행동패턴은 사람들이 많이 모이는 곳에서 두드러지게 나타난다. 대학교 내에서 학생들이 많이 모이는 곳 중 하나는 교내 식당이다. 하지만 디자인을 하는 사람의 입장에서 식당 내에서 일어나는 사람들의 행위패턴에 대해서 관심을 가지는 사람은 많지 않다. 그래서 본 보고서에서는 관찰자의 입장에서 식당 내에서 나타나는 인간행태를 관찰하여 분석해 보기로 하였다.

≫ 연구의 범위 및 방법

단국대 학생 식당에는 항상 많은 사람들로 붐비고 있는데 그 중에서 테이블에 앉아 있는 사람들을 중심으로 사진촬영을 하고 인터뷰를 하였다. 관찰을 하면서 중점적으로 본 사항은 영역성, 개인공간, 집단소속감이다.

관찰지역 : 단국대학교 학생식당

관찰방법 : 사람들의 행동기록과 사진촬영 및 인터뷰

인터뷰 질의내용 : ① 테이블에 앉을 때 주로 어느 부분에 앉는가?

② 테이블에 앉을 때 소지품을 가까이 두는 이유는?
③ 식사가 끝난 후 같이 일어날 때 집단에 대한 소속감을 느끼는가?

3. 이론 고찰 및 분석

≫ 영역성

인간의 영역적 형태는 복합적이고 그것은 경계의 방어에 제한되지 않으며, 개인공간에 관한 감정들 그리고 개인의 지위에 대한 관심과 결부된다. 영역감은 개인의 소유물, 집단의 소유물 또는 일시적인 성격의 부여된 권리와 특권에 관계된다.
영역은 개인이나 또는 집단이 사용하며, 독점적인 영역으로서 외부에 대하여 방어하는 한정된 공간이다. 그것은 또 장소에 대한 심리적 독자성을 수반하며, 소유태도나 영역 안에 사물을 배치함으로써 상징화된다.

– 레온 파스틸란 –

영역형태는 장소에 대한 개인화 혹은 표식, 또는 한 개인이나 집단에 의해 소유된 물체와 의사전달 수단을 수반하는 일종의 自 – 他 경계조절 메커니즘이다.

– 알트만 –

≫ 개인공간

"개인적 공간" 욕구에 대한 제공은 프라이버시 획득을 위한 기본적인 수단이다. 일상 언어에서는 그 용어가 혼용되기도 하지만 "개인화된 공간"과는 구별되어야 한다.
개인적 공간은 침입자가 침입하지 못하도록 사람의 신체를 둘러싸고 있는 보이지 않는 경계의 구속을 말한다. 쇼펜하우어의 우화에 나오는 호저(豪

豬)처럼 사람들은 온정과 친근감을 얻을 수 있을 만큼 접근하고 싶어 하지만, 반면에 서로 피해가 가지 않도록 충분히 떨어져 있으려고도 한다. 개인적 공간은 반드시 구형일 필요는 없으며, 사방으로 같은 거리일 필요도 없다. 그것은 달팽이 껍질이나 비누거품, 주위를 둘러싸는 어떤 특수한 분위기, 또는 숨쉬는 방과 같은 것에 비유된다.

≫ **집단소속감**

일정한 사회집단의 구성원이냐 아니냐는 사람이 자신을 규정하는 방식의 한 부분이며, 따라서 대부분의 사람들에게 중요한 문제이다.

그것은 친교를 이루려는 요구의 확장이며, 인류가 가진 사회적 성격의 표시이다. 작은 집단에 가입하려는 경향은 두드러진다. 의사전달이 좀더 용이하고 정확한 작은 집단에서 적절한 행태의 일반적 규칙이 좀더 쉽게 파악될 각자 개인의 소유품을 일정한 개인 공간밖에 두지 않으려는 것이다. 즉 자신의 영역 안에 개인의 소유물을 두고 있는 것이다. 이러한 모습은 혼자 밥을 먹는 사람들에게서 더 뚜렷하게 나타났다.

학생식당에서 영역성의 형성

빈공간에서 자리잡기

인간끼리의 거리를 취하는 방법이나 몸의 방향을 설정하는 특성에서 볼 때 장소의 점유방법 등과 같은 실제 공간행동은 타인의 존재나 타인이 접근할 가능성을 의식하고 또 가구배치 등 장소구조와 연계되어진 행동으로 나타나게 된다. 3개로 붙여진 테이블에서 사람들이 모서리 측부터 앉는 모습을 발견할 수 있었다. 모서리 쪽에 앉으면 만석이 되더라도 타인이 양측에서 좁혀들어 올 우려가 없기 때문이다.

위의 사진에서도 가운데 비워둔 채 모서리 쪽부터 자리가 채워지는 것을 볼 수 있다. 가운데 자리가 채워지지 않는 것은 양모서리측 사람들의 영역들이 서로 중첩되지 않기 위해, 즉 개인의 영역을 충분히 확보함으로써 불편함이나 불안감을 느끼지 않으려는 프라이버시 욕구의 표현이라고 볼 수 있다.

≫ 개인공간

공대 식당은 식사 때가 되면 사람들이 매우 붐비는 곳이다. 한정된 공간에 많은 사람들이 몰려도 사람들 사이의 일정한 거리를 유지하는 모습을 볼 수 있었다. 친한 사람끼리는 가까운 거리를 유지하였고 커플인 경우에는 팔짱을 끼고 다닐 정도로 상호간의 거리가 무척 짧았다. 반면에 서로 모르는 관계의 사람들과는 1m 내외로 거리를 유지하고 있었다.

이런 행태가 나타나는 이유는 개인공간도 역시 프라이버시를 획득하기 위한 수단이자 메커니즘이기 때문이다. 1959년 인류학자 Edward T. Hall은 "The Hidden Dimension〈보이지 않는 차원〉"에서 사람들 사이의 신체접촉에서는 항상 거리를 유지한다고 하였다. 또한 사람들이 다른 사람들과의 관계에서 보통 사용하는 일련의 거리를 **① 친근거리, ② 개인거리, ③ 사회적 거리, ④ 공적거리**를 설명하였다.

① 친근거리 – 실제 접촉부에서 46cm의 거리로 연인들, 가족, 어린아이 또는 매우 친한 친구들에게 해당되는 거리

② 개인거리 – 30~1.2m의 범위로 대충 사람들을 둘러싸는 "개인공간"의 막을 나타내고 낯선 사람들은 환영되지 않는 거리

③ 사회적 거리 – 1.2~3.6m의 범위이며 공적인 상호작용이 관찰되는 거리

④ 공적거리 – 3.6~7.5m이며 상호간 비개입이 시작되는 거리. 친구끼리 식사하는 모습을 찍은 사진인데 둘 사이의 거리가 친근거리를 유지하고 있음을 보여준다. 또한 상호간의 대화가 잘 이루어질 수 있게 마주보고 앉아있다.

다음 그림은 식권을 사는 모습인데 서로 비개입이 이루어지고 있다. 사람은 자신 앞에 무언가 있을 때 상당히 민감해지는데 앞 사람과의 충분한 거리를 두어 성가심과 불안함을 제거하고 있다.

긴 테이블의 가운데에 앉는 것은 점유자를 불쾌하게 하기보다는 피하려고 드는 수줍은 침입자에 대해서 테이블 전체를 방어하는 것이지만, 공격적인 침입자는 어느 쪽에서도 점유자를 에워싸면서 극도로 불편한 위치에 몰아넣을 것이다.

사람과 사람 사이의 거리

긴 테이블에서의 영역성의 형성

≫ 집단소속감

일정한 사회적 집단의 구성원이냐 아니냐는 사람이 자신을 규정하는 방식의 한 부분이며, 따라서 대부분의 사람들에게 중요한 문제이다. 그것은 친교를 이루려는 요구의 확장이며, 인류가 가진 사회적 성격의 표시이다. 집단소속감은 작은 집단에 가입하려는 경향은 두드러진다고 한다. 의사전달이 좀 더 용이하고 정확한 작은 집단에서 적절한 행태의 일반적 규칙이 좀 더 쉽게 파악되며, 작은 집단은 각각의 구성원에게 집단토의와 결정에 참여할 기회를 더 잘 제공하기 때문이다.

집단을 이루려는 사람들의 경향은 집단이 형성될 수 있는 장소의 필요성을 암시한다. 휴게실, 로비 그리고 레크리에이션 실은 이러한 요구를 수용하는 분명한 예들이다. 그렇지만 그러한 특별한 시설만이 이러한 요구를 수용하는 것은 아니다. 비슷한 관심을 가진 사람들은 공용복도, 계단, 세탁실, 공원, 버스정류장에서 서로 접촉하게 되었을 때는 언제나 사회적 집단이 형성되는 경향이 있다.

❖ 분 석

≫ 영역성

식당 내 사람들은 혼자 먹는 사람, 둘이서 먹는 사람, 셋 이상이 모여서 사람 등과 같이 식사를 하는 사람들이 대부분이었고, 그 외 책을 보거나 단지 친구와 이야기를 하는 사람들은 많지 않았다. 식당 내 사람들이 테이블에 앉아 있는 것을 유심히 살펴보았다. 그 중에서 발견한 점은 개인의 소유물에 대한 강한 집착이다.

옆의 사진은 식사가 끝난 후 집단의 사람들이 같이 일어나는 모습을 찍은 것이다. 식사를 먼저 끝낸 사람이 있었는데 식사가 끝나지 못한 동료를 기다렸다가 전체 사람들이 식사가 끝난 후 같이 일어나는 모습을 볼 수 있었다. 집단소속감이 표현되는 한 예라고 할 수 있다. 집단소속감 외에도 상호간의 친교나 상식적인 예의에서 비롯된 점도 있다. 이것은 인터뷰 내용을 통해 알 수 있었다.

"Q : 왜 다른 사람이 식사가 끝날 때까지 기다린 이유가 무엇입니까?
A : 친구인데 당연하잖아요. 이런 게 의리고 예의죠."

– 전자과 99학번 L모군 인터뷰 내용과 답변 –

4. 인터뷰 결과 분석 및 도식

① 테이블에 앉을 때 주로 어느 부분에 앉는가? (조사인원 : 20명)

위치	모서리	가운데	상관없다
인원(%)	14명(70%)	4명(20%)	2명(10%)

테이블 착석위치

② 테이블에 앉을 때 소지품을 가까이 두는 이유는? (조사인원 : 20명)

소지품을 옆에 두는 이유

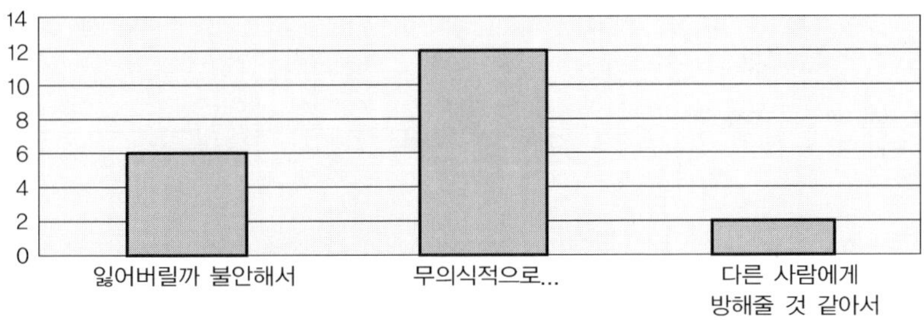

③ 식사가 끝난 후 같이 일어날 때 소속감을 느끼는가?(조사인원 : 20명)

집단소속감 인지여부

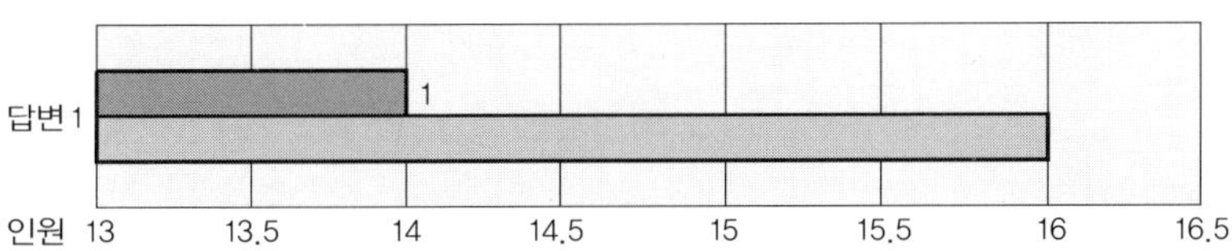

하지만 집단소속감이 없었더라면 서로에 대해 친구라고 생각하지 않았을 것이고 같이 모여 식사를 하지도 않았을 것이다. 여기서 중요한 것은 집단적인 소속감을 가지고 행동을 한다고 해서 모두를 친구라고 생각하지는 않는다는 점이다. 이것은 개인의 환경과 성격 차에 대한 요인이 있을 것이다.

5. 맺음말

사람들은 건조환경의 영향을 받는다고 한다. 환경이 사람들로 하여금 어떤 행위를 할 수 있게 지원을 해주며 더 나아가서는 공간으로 인한 즐거움을 느끼게도 해 준다. 이번 공대 식당에서는 솔직히 공간에 대한 즐거움을 느끼지는 못했다. 하지만 다양하게 나타나는 인간의 행태에 관해서는 많이 관찰할 수 있었다. 여기서는 영역성, 개인공간, 집단소속감을 다루었지만 이외에도 단서파악, 개인의 안전 등과 같은 요소들도 찾을 수 있었다. 공간창조의 일반적인 목적도 있지만 궁극적인 목적이 무엇인가 생각해 볼 수 있었다. 공간은 우리 인간을 위하는 것인데, 공간이 우리에게 즐거움을 주지 못하고 불편함이나 불쾌감을 주어서는 안 될 것이다. 건조환경도 사람행태의 영향을 받아 변화한다고 한다. 이 말의 의미를 어떻게 디자인에 활용하고, 무엇이 중요하고, 왜 해야 하는지 잘 생각해 보아야 할 것이다. 이런 의미에서 건축가의 역할이 크다고 생각한다. 아울러 건축을 공부하는 우리의 변화도 필요하다고 생각한다.

② Wayfinding system

바닥패턴과
Wayfinding

+ 한남동 오거리에서의 wayfinding

+ 한남역을 이용하는 보행자들의 행태

+ 바닥패턴에 따른 보행자의 행태분석

한남동 오거리에서의 Wayfinding

_서정환
_박재호
_정인성
_김현일

관찰내용 : 하나은행 방향 횡단보도에서 출발점으로 한다. 학교로 가는 사람들은 주로 검정색 방향의 경로를 많이 이용한다. 반면 학교에서 하나은행 방향으로 가는 방면의 보행자 분포는 고른 분포를 보이고 있다.

원인분석

하나은행에서 학교로 가는 보행자들이 검정색 방면의 길을 이용하는 이유에는…….

① 보행자들이 한남동에 대한 사전정보를 가지고 있지 못한 경우

㉠ 본능적인 랜드마크를 찾는 경향

㉡ 보다 개방적인 공간의 선호

㉢ 사람들의 이끌림을 따르는 경향

㉣ 심리상태

② 알고 있는 경우

㉠ 자신의 의도, 목적이 큰 영향을 미친다.

장　소 : 서울시 한남동 단국대학교 근처. 하나은행 앞 신호등에서 단국대학으로 가는 길

일　시 : 2004년 12월 17일 (금)

㉠ 오전 9:30, 10:30, 11:30

㉡ 오후 13:30, 15:30, 17:30

조사대상 : 이 지역을 지나가는 남녀 한남동을 아는 사람, 모르는 사람 각 10명

질문내용 : 한남동을 잘 모르는 사람의 경우 – 단국대를 어떻게 찾아왔는가?

한남동을 잘 모르는 사람의 경우

(1) 본능적으로 랜드마크를 찾는 경우가 가장 많았다.

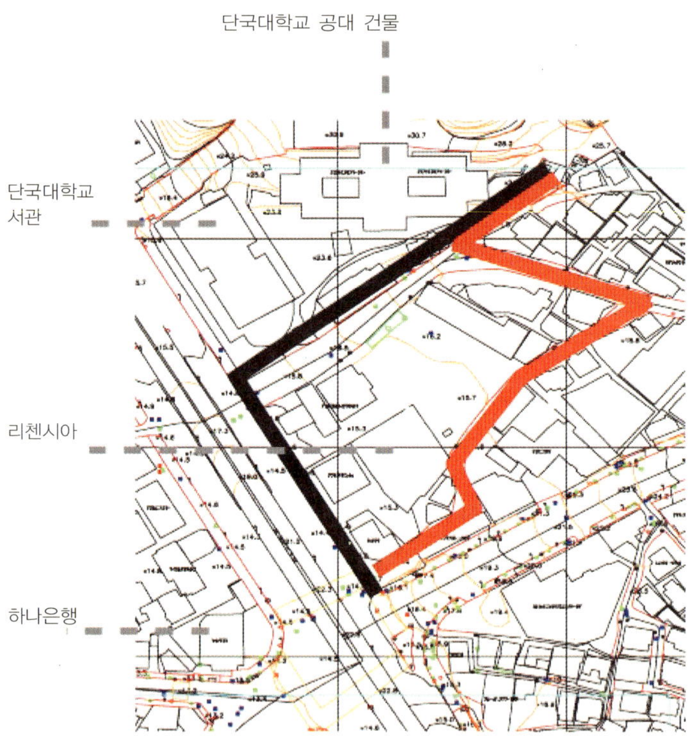

도로를 접하여 곧게 뻗은 직선형 도로로 단국대학교 정문으로 갈수 있음
총길이는 276m

주변 상권을 통하여 단국대학교 정문으로 갈수 있음
총길이는 344m
옷가게, 음식점, 술집, 문방구, 오락실, PC방등 여러가게 분포

단국대학을 찾는 보행자들은 신호등을 건너서 일단 멈춘 후 주위를 둘러보는데…….무언가 커다란 단서, 즉 학교와 가까운 랜드마크 혹은 사인을 무의식적으로 찾는다.

| 결론 | 단국대학을 찾는 보행자들은 신호등을 건너서 일단 멈춘 후 주위를 둘러보는데…….무언가 커다란 단서, 즉 학교와 가까운 랜드마크, 혹은 사인을 무의식적으로 찾는다.

10명의 조사인원 중 50%(남자 : 5명, 여자 : 5명 응답)

ex 1) A군(처음 방문객)과의 인터뷰 내용

질문자 : 어떻게 단국대를 찾아오셨나요? 처음 오시는 거예요?

A군 : 예 친구 좀 만나러 왔는데요......네 처음 오는 거예요.....

질문자 : 그래도 잘 찾아오셨네요. 누구한테 물어보셨나요?

A군 : 아니요. 그냥 찾아왔어요.....신호등에서 보니까 앞에 학교 건물 같은 것이 있더라고요. 그래서 그쪽으로 와보니. 있더군요.....

ex 2) B양(단국대 지원자)과의 인터뷰 내용

질문자 : 어떻게 단국대를 찾아오셨나요? 처음 오시는 거예요?

B양 : 예 아! 이번에 단국대를 지원하려고 하는데 학교분위기도 알아볼 겸 함 와봤어요.....

질문자 : 그래도 잘 찾아오셨네요. 누구한테 물어보셨나요?

랜드마크가 된 건물.

B양 : 아니요. 그냥 찾아왔어요. 신호등에서 보니까! 단국대학교 큰 건물이 있더라고요.....

(2) 사람들의 이끌림(인구의 유동 흐름)을 따르는 경향

① 10명의 조사인원 중 25%(남자 : 5명, 여자 : 5명 응답)

ex 1) C군과의 인터뷰 내용

질문자 : 어떻게 단국대를 찾아오셨나요? 처음 오시는 거예요?

C군 :

질문자 : 그래도 잘 찾아오셨네요. 누구한테 물어보셨나요?

C군 : 그냥 사람들이 그리로 많이 가길래 따라가 봤어요.....

(3) 개인적인 특수한 사정에 의해.....

① 10명의 조사인원 중 10%(남자 : 5명, 여자 : 5명 응답)

ex 1) Y군과의 인터뷰 내용

질문자 : 리첸시아와 지리산을 경위하여 학교에 이르는 길 중 지리산으로 가시네요. 항상 그리로 가세요?

아군 : 네……. 얼마 전까진 리첸시아 쪽으로 갔었는데요. 요새 머리를 해서 리첸시아 쪽으로는 안가요.

질문자 : 왜 그러죠?

아군 : 리첸시아가 생긴 후로 바람만 불면 그 쪽엔 바람이 더 많이 불더라고요 그래서 애써 머리해가면 뭐......아시죠!!!!

ex 2) O군과의 인터뷰 내용

질문자 : 리첸시아와 지리산을 경위하여 학교에 이르는 길 중 리첸시아로 가시네요! 항상 그리로 가세요?

자군 : 네.......얼마 전까진 지리산 쪽으로 갔었는데요. 리첸시아가 좀 고가 아파트라서 그런지 좀 괜찮은 사람들도 보이고.......그래서 주로 그리로 가요.......

질문자 : 아!! 그러세요!!

결 론

지금까지 조사한 바로 미루어 보아 특정지역에서의 보행경로는 그 지역에 대해 인지하고 있느냐 없느냐에 따라 상당한 보행동기가 나타난다........ 먼저 특정지역에 대해서 인지되어 있지 않은 경우는 주변의 건물이나 특정 랜드마크를 통해 보행의 동기를 만드는 경향이 가장 강했으며, 그 다음으로는 사람과 사람 사이의 교감으로 인한 이끌림에 의해 보행 동기가 유발되었다. 결국 이를 건축적으로 이용했을 경우 그 지역의 지배적인 건축물의 설계에 있어서 항시 랜드마크가 될 수 있다는 생각으로 사람들의 보행의 길잡이가 될 수 있는 wayfinding의 길잡이로서의 역할도 중요하다고 할 수 있다.

다음으로 사람들의 동선을 파악한 건축조경의 설계를 통해 보행자들의 행동패턴이 그대로 하나의 wayfinding의 동기가 될 수 있도록 하는 것이 중요하겠다.

길의 종류와 친숙도, 구성요소

한남역을 이용하는 보행자들의 행태

_양윤정
_최지현
_한혜민
_황혜영
_원은주

단국대학교에서 한남역까지 Setting System은 항상 같지만 그곳을 이용하는 보행자들의 행태적 특성은 그날의 여러 상황에 따라 다른 길을 선택해서 다닌다. 정해진 Setting System에서 보행자에게 주어진 상황에 따라, 변화된 심리에 의해 행태적 특성이 어떻게 변화되는지 알아보고자 한다.

이러한 특성을 알아보기 위해서 보행자가 가장 많이 다니는 시간대인 등교시간과 하교시간을 중점적으로 성별에 따라 나이에 따라 시간에 따라 어떤 길을 이용하는지 관찰해보았다

다음 표는 12월 6일(월)부터 12월 10일(금)까지 3명씩 조를 짜서 유동인구가 많은 등교시간 아침 9시부터 20분간, 하교시간 저녁 5시 반부터 20분간 각 길로 지나가는 사람들의 수를 통계 낸 표이다.

1번길 : 신호가 무시될 정도로 차량통행이 적은 큰 길이다.
길가에 주차된 차량이 많아 복잡하다. 술집, 노래방, 음식점 등이 많아 유동인구가 많다.

2번길 : 버스정류장이 있고 강변북로를 이용하는 차량통행이 많다.
인도는 보행자 둘이 다니기엔 비좁지만 학교와 한남역 사이 최단거리의 길이다.

3번길 : 골목길이 구불구불해서 지나갈 때 앞의 시야가 막혀있다. 지나가는 보행자를 위한 길이 아니라 주택가 주민을 위한 길이어서 어둡고 좁은 편이다.

≫ **등교시간에는 2번 길을 이용하는 보행자가 가장 많음.**

이유 → 아침 수업시간에 맞춰 가기 위한 보행자들이 버스정류장을 이용.
→ 세 가지 길 중 가장 최단거리.

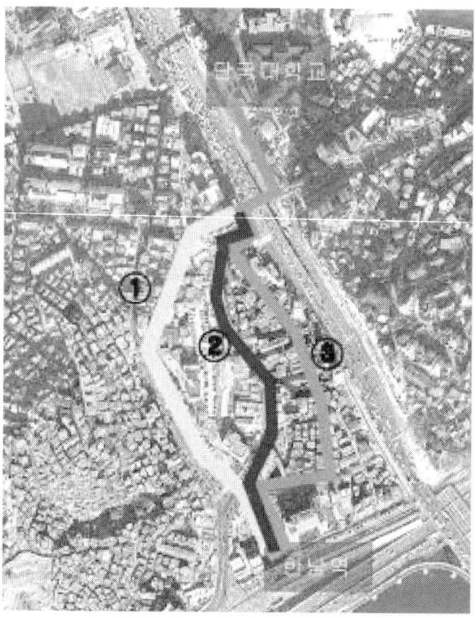

각 길로 지나가는 사람들의 통계

시간	길	성 별		12월6일	12월7일	12월8일	12월9일	12월10일
아침 (9:00 ~ 9:20)	1번	남 자		13	57	50	20	19
		여 자		16	76	69	52	20
	2번	남 자		76	86	73	38	52
		여 자		60	100	70	68	45
	3번	남자	20대	3	22	7	10	5
			40대	9	3	9	5	3
		여자	20대	0	13	3	2	2
			40대	3	5	5	8	6
	합 계			180	362	286	203	152
저녁 (5:30 ~ 5:50)	1번	남 자		25	74	56	26	21
		여 자		26	95	58	23	28
	2번	남 자		7	39	7	5	6
		여 자		16	28	17	11	11
	3번	남자	20대	11	13	1	13	8
			40대	2	3	0	1	7
		여자	20대	18	16	1	9	7
			40대	4	6	1	1	1
	합 계			109	274	141	98	89

→ 군중 심리에 의한 선택.

→ 등교할 때는 혼자 다니는 사람들이 많아서 좁은 길이어도 상관없음.

≫ **등교시간에는 3번 길을 이용하는 보행자가 가장 적음.**

▼ 주간

▼ 야간

1번길

1번길-1

2번길

2번길-1

3번길

→ 끝이 막혀 보이는 길이어서 사람들이 피함.

→ 등교할 때는 혼자 다니는 사람들이 많아서 좁고 너무 한산한 길을 피함.

≫ **하교시간에는 1번 길을 이용하는 보행자가 가장 많음.**

→ 음식점, 술집, 노래방 등의 유흥시설을 이용하고 집에 돌아가는 보행자가 많음.

→ 다른 길에 비해 환하고 넓어서 안전함.

→ 하교할 때는 무리지어 오는 사람들이 많아서 큰 길을 선택.

≫ **하교시간에는 3번 길을 이용하는 보행자가 가장 적지만 2번 길과 차이가 적음.**

→ 하교하는 골목길 입구는 등교할 때 들어가는 골목길 입구보다 크기 때문에 등교할 때보다는 이용하는 보행자의 비율이 높음.

등교시간에 따른 유동인구의 차이

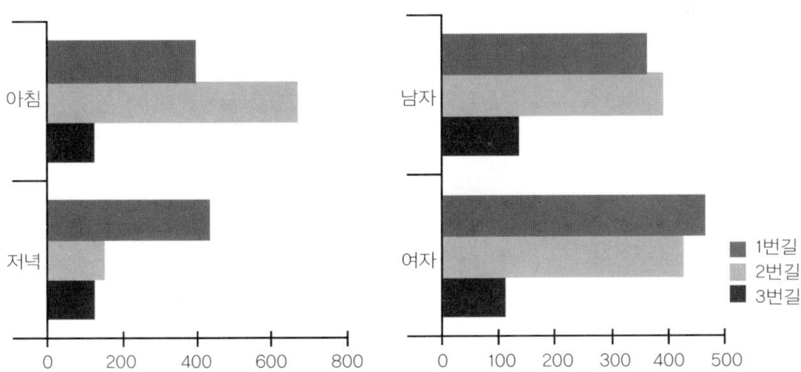

≫ **남자는 2번 길을 이용하는 보행자가 가장 많지만 1번 길과 차이가 적음**

➜ 비교적 대부분의 남자들은 세 가지 길 중 가장 최단거리를 선택.

➜ 군중심리에 의한 선택.

❖ 남자가 여자에 비해 3번 길을 이용하는 보행자가 많고, 여자는 남자에 비해 3번 길을 피함.

→ 특히 20대 여자들은 혼자 있을 때 비좁고 위험해 보이기 때문에 3번 길을 피함.

→ 남자들은 복잡하지 않은 3번 길 선택하는 경우가 있음.

❖ 여자는 1번 길을 이용하는 보행자가 가장 많지만 2번 길과 차이가 적음.

→ 여자들은 환하고 안전해 보이는 1번 길을 많이 선택.

→ 여자들은 무리지어 다니는 경우가 많아서 1번 길을 선택.

결 론

한남역에서 단국대학교까지 이어지는 세 가지 길은 어느 시간에나 누구에게나 동일한 Setting System이다. 하지만 낮과 밤, 남녀에 따라 Behavior가 현저하게 달랐다.

1번의 큰길은 입구부터 많은 음식점, 술집, 노래방이 있고, 직장인이나 주변에 거주하는 사람, 근처 가게주인들이 많이 통행하기 때문에 여자들이 넓고 안전하다고 보이는 1번 길을 택한다. 그리고 아침에는 1번 길로 가는 횡단보도에 파란불이 켜지면 2번 길로 가려던 사람들도 1번 길로 가는 경우를 많이 목격할 수 있었고, 40~50대의 남자들이 1번 길로 많이 가는 것을 알 수 있었다.

2번의 중간 길은 학교 후문으로 가는 버스정류장이 있고, 가장 빠르게 학교로 갈 수 있는 길이기 때문에 많은 사람들이 이용하지만 보행자 도로가 아주 좁고 옆의 차도에 차량의 통행이 잦아 복잡하기 때문에 피하는 사람들이 있다고 생각된다.

3번의 골목길은 사람들의 비율로 볼 때 낮보다는 밤에 피했으며, 특히 20대의 젊은 여자들에게서 그런 양상을 볼 수 있었다. 대체적으로 사람들은 쉬운 길을 택하는 경향이 있는데, 골목길은 일단 직선적이고 끝이 보이는 길이 아니라 앞이 막히고 좁은 길이라 사람들이 길을 쉽게 빠져나가기가 어렵기 때문이라고 여겨진다. 또 골목길은 양쪽이 주택으로 막혀 있어 어둡고 위험하기 때문에 여자들이 기피한다.

또한 아침에는 남자들보다 여자들의 통행이 잦았는데 관찰한 시간이 수업 시작 시간 9:30 전이어서 남자보다는 보편적으로 시간관념이 철저한 여자들이 많은 것으로 생각된다. 대부분 사람들은 작은 길보다 크고 뚫린 길을 선호하기 때문에 Majority Tendency에 의해서 길을 하는 Behavior를 보인다.

바닥패턴에 따른 보행자의 행태분석

_오세준
_유낙환
_류제원
_박미영

주제의 시작

어느 날 동숭동 대학로 거리에서 연극티켓을 구입하려 거리를 거닐다가 S자 패턴에 의해 걸어가고 있는 나를 발견할 수 있었다. 또한 티켓박스 앞에 서서 연극티켓을 구입하려 기다리던 중 나뿐만이 아닌 다른 사람들 역시 그 곳을 지나가면서 나와 유사한 형태로 S자로 걷는 것을 관찰하게 되었다. 유심히 수십 분을 보던 중 그 이유를 바닥에서 찾을 수 있었는데, 바닥의 S자 패턴에 의해 그러한 행동들을 보이는 것을 발견했다. 이러한 보행자들의 행동들을 보면서 "왜 그럴까?" 라는 의문이 들었으며, 그러한 궁금증은 집으로 돌아오는 길 우리가 흔히 이용하는 지하철역에서도 보행자들이 탑승장에서의 대기라인인 노란 선에서도 같은 행동의 패턴을 띤다는 것을 알게 되었다.

이러한 의문이 발단이 되어 사람과 보행도, 더 나아가 어떤 선이나 면에 의해 보행자들의 행동이 어떤 영향을 받는지 알아보게 되었다. 하지만 우리는 긴 토론의 시간 끝에 단순히 선이나 면에 의해 사람들이 행동을 하기 전에 사람의 행동에 바탕이 되는 오감, 즉 촉각, 시각, 후각, 청각, 미각이나 심리적인 면에 의해 좌우되는 건 아닌지 의문을 품게 되었다. 여러 책들과 관련서적을 찾아보던 중 이러한 것은 심리학으로 설명이 되는데, 그 중 **게슈탈트(Gestalt)** 심리학은 지각적 조직화를 뇌(腦)의 본래적 구조로 설명하였다. 이'조직화'는 우리의 모든 지각이 모양을 가진 형태에 의해서 조직된다는 것이며, 그것은 형태 항상성(shape constancy), 정향(orientation), 윤곽선의 역할, 눈의 운동, 주의와 집중 같은 지각적 효과를 일으킨다는 것이다. 그리고 이 형태가 지각되는 원리는 근접성, 유사성, 폐합성, 영역성, 대칭성 등에 의해서 설명이 된다. 이 원리들은 크게 전체 조직화와 단순화의 경향으로 설명되는데, 이것을 뇌의 본래적 구조로 보고 이를 가능케 하는 **환경 특성이 근본적으로 시각적 질(質)로 이해된다고 보는 것이다.** 따라서 좋은 형태는 객관적인 실체가 갖는 특성이라기보다는 유기체의 뇌 안에서 구성되어지는 의미로서 조직화를 통해서 이루어진다. 여기서 우리가 주목한 것은 연속성이다.

대학로의 보행자 공간

연속성

연속성이라는 용어를 사용할 때, 이는 일련의 지각의 연결을 말하는 것이다. 연속성은 경험되어질 때에만 의미가 있는 것이며, 역으로 경험이란 모두 연속적이다. 그것이 건축물의 내부이든 외부의 개방공간이든, 공간 내에서의 연속성은 지극히 다양하다. 움직임의 기점에서 종점에 이르는 과정이 곧고 선형적인 경우도 있고, 때로는 수렴적이고 구심력적이며, 때로는 확산적이고 원심력적이다. 단순한 연속, 복잡한 연속, 복합적인 연속 등이 있을 수 있고, 지속적이기만 한 것이 아니라 단속적(斷續的)일 때도 있으며, 변조(變調)된 연속성도 있다. 또한 집중, 분산, 미세, 거대, 유약, 강력한 연속성을 상정할 수도 있다. 만일 크기, 형태, 색채, 빛, 질감, 패턴 등 공간의 특징 중 한두 가지 이상이 반복적인 리듬으로 나타나면, 연속성 속에는 이내 운율(韻律)이 명확하게 표출된다.

연속성

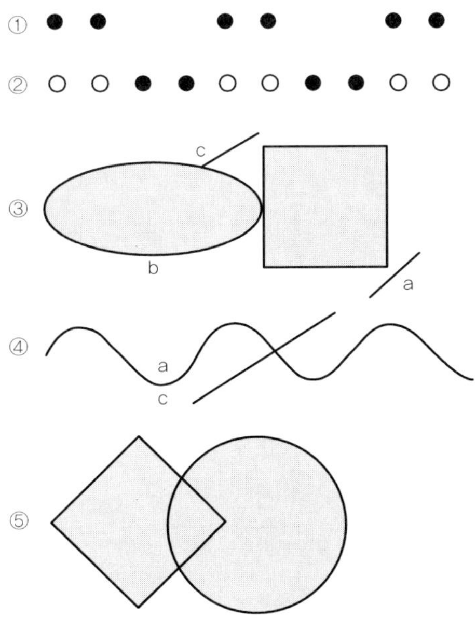

이 공간운율이 관조자에게 주는 정서적 영향은 대부분의 경우 매우 지배적이다. 우리가 이동하는 동안은 우리가 통과하는 물리적 공간이 우리에게 영향을 미친다. 따라서 어떤 목표지점을 향해 움직일 때 통과하는 과정적 공간은 목적지의 성격에 맞게 설계되어야 한다. 목적지에서 모종의 경험이 예정되어 있다면, 그 접근과정에서의 감정의 상승을 지원하는 계획이 필요한 것이다. 공간디자이너가 계획하는 연속성은 많은 경우, 특정 목적을 위해 고도로 질서정연하나, 때로는 자연적인 흐름에 의탁하여 일견 무질서한 듯한 질서를 추구하기도 한다. **연속성을 잘 계획하면 그 효과는 극히 효과적이다. 움직임을 유도하고, 방향을 제시하며, 리듬을 만들어내고, 분위기를 자아내는가 하면, 공간 속에 위치한 하나 또는 여러 개의 대상물을 드러내 설명해 주고, 나아가 철학적 개념을 심어주기도 한다.** 연속성을 계획한다는 것은 공간구성 요소들을 방향성을 가진 체계로 이끌어 가는 작업이다. 연속성은 시작이 있고 끝이 있으며, 끝이 대개 절정(climax)을 이루는 부분이 된다. 절정으로 가는 과정에는 몇 차례의 작은 절정이 있을 수 있고, 이들 하위의 절정은 연속성 구현에 도움을 준다. 연속성이 암시하는 역동성 때문에 사람들은 기점에서 종점까지 유인되고 이동하게 된다. 행태적 측면에서 볼 때, 일단 연속성을 시작했으면 연속성과 연속성으로 유발된 사람들의 이동은 논리성 있는 마무리를 지어야 하고, 최소한 만족할 만한 결말에 이르러야 한다.

우리는 한 개의 공간 또는 여러 개의 공간 복합체를 통과한 후, 자신이 지나온 것, 지각했던 것을 무의식 속에 기억한다. 그래서 어떤 물체나 공간에 대한 인상은 우리가 과거에 경험한 것이나 기대했던 것에 의해 결정된다. 나아가 경험이란, 앞에서의 논의가 시사하듯이, 우리가 지각한 것, 지금 지각하는 것, 지각하리라 기대하는 것들이 복합된 것이다. 그래서 결국 디자이너는 장소나 공간이나 물체를 계획하는 것이 아니라, 경험(Experience)을 계획하는 셈인 것이다. 더욱이 그것은 하나의 정태적인 공간체험을 계획하는 것이 아니라, 상호작용하여 유쾌함(Amenity)을 배가시키는 일련의 조건반사적 공간체험을 계획하는 것이다. 주거공간, 레스토랑, 교회는 그 공간이 마땅히 제공해야 할 최상의 경험이 가능하도록 설계되어야 한다. 또 고속도로의 설계는 쾌적한 이동의 경험을 설계해야 하는 것이다. 공간의 흐름은 원활해야하고 마찰은 극소화해야 하며 심리적 기대와 생리적 요구에 훌륭히 대응하여 만족감을 극대화해야 한다. 디자이너에게 중요한 것은 미리 설정한 형태에서 경험이 도출되는 것보다 경험의 계획에서 형태가 도출되는 경로를 밟아야 한다는 것이다. 그러려면 형태를 중심으로 추구하는 접근방법, 원칙 적용 위주의 접근방법 등은 버려야 하며, 무의미한 패턴, 생명 없는 형태를 계획하는 일이 없어야 한다. 진정한 설계 접근방법은, 이용할 사람의 공간경험을 위한 계획, 이용자에게 필요한 시설과 지원성을 제공하는 계획, 이용자에게 즐거움과 기억을 주는 계획만이 의미가 있다는 것을 터득하는데서 출발한다. 공간 내에서 인간과 인간, 인간과 사물, 사물과 사물간의 최적의 관계를 창조하여 통합된 미적 경험을 구현하는 것이 진정한 공간디자인 접근방법인 것이다.

행태와 지원성_Activity and Affordance

환경은 인간의 행위(行爲)를 유발시키는 힘을 갖고 있으며, 인간은 환경에 대하여 본능적 태도를 보인다. 또한 환경은 인간에게 대상에 대한 정보를 감관(感官)의 자극(刺戟)을 통해 전달하는 매개체로서 작용한다. 인간은 이러한 자극에 대하여 인간의 가치체계에 의한 태도로 행동의 반응현상을 나타낸다. 이러한 일련의 자극과 반응의 과정 속에서 유발되어지는 현상을 환경현상이라 한다. 환경현상은 자극과 반응의 연속적 현상에 대해 인간이 취하는 일반성을 띤 태도의 양식을 말한다. 또한 행동이 단순한 행동 그 자체가 아닌 어떤 일정한 경향성을 띠게 될 때, 이것을 행태(Behavior)라고 한다. 따라서 **행태란 행동(Action)이나 활동(Activity)과는 달리, 행동의 경향성이**

나 패턴을 강조하는 경우로 해석되며, 지각과 인지를 포괄하는 함축적인 의미를 갖는다. 또한 행태의 개념을 넓게 인간행태(Human Behavior)로 해석하거나, 혹은 특정 공간 내의 행동패턴을 강조하는 공간행태(Spatial Behavior)의 개념으로 축소 해석할 수도 있다. 인간행태는 지극히 복합적인 문제이다. 그것은 많은 과학 분야의 초점이며, 심리학, 사회학, 인류학, 기호학 등의 분야에서 학자들과 연구가의 관심을 지속적으로 끌어온 영역이다. 인간행태의 근원적인 출발점을 심리학자 깁슨(James J. Gibson)은 지원성(Affordance)이라는 개념으로 설명하였다.

생태학적 지각이론의 창시자로서 받아들여지고 있는 레빈(K. Lewin)의 행위 유발성(Aufforderungs charakter)에서 지원성의 개념적 근원을 얻어낸 그는, 지원성을 인간과 환경 사이에 존재하는 시각적 정보이자 지각대상의 불변하는 기능적 속성으로 보았다. 어떤 사물의 지원성이란 그것이 물질적이든 비물질적이든 간에, 특정한 공간에서 인간이 어떤 방식으로든 사물을 이용할 수 있게 하는 사물의 특성이다. 다시 말해서, 지원성은 지각행위를 통한 환경정보가 지각자에게 제공하는 행동의 가능성이다. 지원성의 개념은 이렇듯 간단하지만, 오늘날 환경디자인 이론의 강력한 기초 개념이 되고 있다. 깁슨에 따르면, 인간의 환경에 대한 지각은 직접적이며 해석이 필요치 않은 것으로, 환경적 자극은 이미 생태적 특성을 지니고 있어서 인간은 자극패턴 자체에 이미 내재된 의미를 받아들이게 된다는 것이다. 즉 인간은 사물이 본래부터 지니고 있는 표면이나 그 질감을 이해하고, 상이한 각도에서의 다양한 경험 등을 통해 불변의 기능적 속성을 지각하게 된다. 깁슨이 생각한 생태적 특성의 개념은 게슈탈트 심리학자들의 게슈탈트의 개념과 대응되는 개념이라고 볼 수 있다. 즉 게슈탈트 심리학자들은 환경적 자극에는 게슈탈트, 즉 독자적 특성을 지닌 실체가 존재한다고 본데 비하여, 깁슨은 개인적, 사회적, 물리적 환경이 어우러진 생태적 특성이 존재한다고 보았던 것이다. 그는 지각을 유기체가 환경 내에서 원활한 활동을 하기 위한 수단이라는 측면에서 보았으며, 이러한 관점에서 그가 말한 지원성의 예를 들어보면 다음과 같다. 어떤 물체가 고체이면서 딱딱하고 땅에서 약간 올라와 있고, 그 표면이 땅과 대략 수평을 이루면서 날카로운 돌출부가 없다면, 그 사물은 앉을 수 있을 것이라는 정보를 제공해 준다. 또 어떤 사물이 한 입에 넣거나 나누어서 넣을 수 있고, 영양을 제공해주는 생화학적 물질을 포함하고 있다면 그것은 먹을 수 있다는 정보를 제공해 준다는 개념이다.

이러한 인간의 심리적 측면을 가지고, 우리는 대학로의 보행공간과 공대 로비에 설치한 인위적인 선을 가지고 비교 실험을 해보았다.

CASE No. 1_대학로 보행공간 관찰

보행로의 바닥을 설계한 사람의 의도는 정확히 모르지만 이러한 S자 패턴은 설계한 사람은 분명 다양한 보행동선을 창출하고자 하는 의도 였을 것이다. 하지만 그것을 인식하고 안하고는 지나가는 보행자의 몫으로서 우리는 그것을 관찰할 필요가 있었다. 우선 보행로를 따라 S자로 걷는 사람들을 살펴봄과 동시에 그들에게 4문항 정도의 설문을 통해 보다 객관적인 자료를 얻을 수 있었다.

초등학생의 경우, 그들은 가장 좋은 예이다. 그들은 지각능력이 상대적으로 일반 성인보다 떨어지기 때문에, 질문에서도 알 수 있듯이 자신들이 S자 라인을 따라왔음에도 불구하고 그들은 바닥의 패턴은 인식하지 못한다는 것을 알 수 있었다.

≫ 해석 No. 2

중・고등학생의 경우는 초등학생보다 많은 수가 라인을 인식하고 그에 따른 반응을 보이나 여전히 자신이 그 길에 영향을 받은 것에 대한 설문에 대한 내용에선 그렇지 않다는 것을 볼 수 있었다.

≫ **해석 No. 3**

대학생의 경우, 가장 많은 응답자들이 라인을 인식하고 있었으며, 퍼센트비로 따져보아도 가장 많은 수가 보행공간이 자신의 동선에 영향을 주었다는 것을 인식하고 있었다.

≫ **해석 No. 4**

성인의 경우, 대학생과 같이 라인을 인식하는 비율은 비슷하지만 패턴이 자신의 보행에 영행을 미친 것에 대한 답은 초등학생과 비슷하다는 것을 알 수 있었다.

대학로 설문(112명)

1. 자신의 연령대는?
   ① 초등학생 ② 중 · 고등학생 ③ 대학생 ④ 대학생이상

2. 걸어오시면서 자신이 직선으로 왔다고 생각하십니까?
   ① Yes ② No

3. 이 거리의 바닥 패턴이 있다는 것을 인지했습니까?
   ① Yes ② No

4. 바닥의 S자 패턴이 자신의 보행관계에 영향을 미쳤다고 생각하십니까?
   ① Yes ② No

이에 대한 답변은

		Question 2		Question 3		Question 4	
		Yes	No	Yes	No	Yes	No
		81명	31명	39명	73명	32명	80명
초등학생	18명	15	3	5	13	4	14
중 · 고등학생	27명	18	9	10	17	8	19
대학생	38명	25	13	15	23	12	26
대학생이상	29명	23	6	9	20	8	21

≫**분 석**

이처럼 바닥의 패턴은 보행자의 동선에 영향을 미치지만 대부분의 사람은 그것이 자신의 동선에 영향을 미치는 지에 대해서는 인식을 하지 못하는 상황이었다. 설문에 응한 사람이 얼마 되지 않아 객관적인 자료는 되지 않지만, 바닥패턴을 따라 보행한 110여 명의 사람들은 직선으로 걷는 듯하면서도 패턴이 구부러질 때마다 몸도 구부러지는 것을 관찰할 수 있었다. 이는 약간의 시선과 주의가 우리의 몸에 대해 많은 영향을 미치는 것을 알 수 있었고, 또한 다양한 계층별 특성이 보이는 결과였다.

보다 객관적인 자료를 얻기 위해 우리는 공대 상층부에서부터 내려오는 램프에서 공대 로비로 통하는 공간에서 "인위적인 시각적 형태에 의한 사람들의 행동이 변화할까?" 라는 생각에서 인위적인 선을 그어서 그것으로

CASE No. 2_**공대 로비 인위적 라인에 따른 보행자 관찰**

바닥패턴에 따른 보행자의 방향 선택

인해 사람들의 행동이 어떻게 변화되는지 관찰해 보았다.

우선 공대 로비에 램프부터 이어져 상층부에서부터 내려오는 곳에 인위적인 라인을 만들어주었는데, 그것은 하층부에서 올라오는 사람보다 상층부 공간에서 내려오는 사람이 보다 쉽게 선에 대한 시선의 관찰이 쉽게 때문에 쉽게 인식할 수 있을 것이라는 판단과, 일반적인 통로가 아닌 공대 로비를 택한 이유는 공대 로비의 경우 서문(서관) 쪽으로의 행동에 대한 목적성과 정문(다른 학교 내의 건물) 쪽으로의 행동의 목적성이 강하기 때문에 보다 객관적인 시험이 될 것이라는 판단 하에서였다.

≫ **분 석**

우선 선이 없을 때와 선이 있을 때의 사람 수와 그 사람들에 대한 설문을 조사하였다. 역시 우리들의 생각과 마찬가지로 공대 로비의 양출입문의 선택은 서문 쪽과 정문 쪽의 목적성을 띠었다. 그래서 우리의 처음의 의도와는 달리 선에 의해 사람들의 동작이 크게 영향을 받지 않은 것 같았다. 하지만 사람들은 대학로의 경우와는 다르게 각을 준 선을 인식하는 경우가 많은 것을 알 수 있었다. 또한 사람들의 동선을 살펴본 결과 상층부나 하층부에서 출입문 쪽으로 향하는 사람들 중 일직선으로 갈 수 있는 경우임에도 불구하고 우리가 설치해 놓은 각을 통해 그 각을 이용하여 보행을 하는 사람들을 볼 수 있었다. 물론 그 중에는 양쪽의 출입문 중 왼쪽을 이용하는 사람도 있었고, 그 수는 관찰인원 중의 반 정도임을 알 수 있었다. 그 사람들에게 물어본 결과 그들은 서관 쪽으로의 목적성을 띠었으나, 그 사람들 중에서도 대다수의 사람들이 오른쪽으로 향하는 라인은 인식했음을 알 수 있었다.

또한 설문에서도 알 수 있듯이, 오른쪽 문을 통해서 보행한 사람들 중 많은 수의 사람들이 선은 인식하고 그 선을 따라 행동한 사실을 알 수 있었다.

단국대 공대로비 설문(108명)

1-1. 출입구에서 한쪽을 택한 것은 서문이나 교문 쪽에 볼일이 있어서 입니까 (Line ×)

① Yes ② No

1-2. 출입구에서 한쪽을 택한 것은 서문이나 교문 쪽에 볼일이 있어서 입니까? (Line ○)

① Yes ② No

2. 바닥의 선을 인식하셨습니까? (라인이 있을 경우에만)

① Yes ② No

3. 바닥의 선이 보행에 영향을 미쳤다고 생각하십니까? (라인이 있을 경우에만)

① Yes ② No

바닥패턴에 따른 보행자의 움직임

이에 대한 답변은

Question 1(Line ×)		Question 1(Line ○)		Question 2		Question 3	
Yes	No	Yes	No	Yes	No	Yes	No
75	33	69	39	82	26	61	47

CASE No. 1과 CASE No. 2를 통한 결론

우리는 이러한 실험을 통해 우리의 일상생활에서 볼 수 있는 간단한 것에 대해 다시 생각해 볼 수 있었다. 그것은 어떠한 선의 지각은 사람들의 행동에 직접적으로 영향을 준다는 것이다. 이것은 앞서 말한 심리현상의 지각을 인식하는 것과 관련하여, 즉 인간이 환경을 지각한다는 것은 환경과 상호작용할 수 있는 방식을 지각하는 것이다. 여러 가지 형태의 인공적인 구축환경(built environment)은 각기 다른 미적, 행태적 경험을 지원한다. 따라서 공간의 지원성은 공간이 형성되는 방식에 따라 개인의 행동과 미적(美的) 선택을 제한하기도 하고 넓히기도 한다. 우리의 실험으로 그러한 것들을 전부 설명하고 객관적인 데이터를 만들 수는 없겠지만 물리적 환경의 지원성은 행태장치(behavior settings)로서의 기능적 특성과 그것을 구성하는 재료들로 인해 좋은 반응을 유도할 수도 있고 그 반대일 수도 있다는 것이다. 이러한 환경의 지원성은 인간은 상황적 특성에 따라 적절한 행태 지원성을 지각하게 된다는 것을 의미한다.

인간은 공간 내에서 대상물의 지원성을 지각하며, 지원성에의 지각은 공간과 인간이 어떻게 상호작용 할 것인가를 지각하는 것이라고 말할 수 있다. 다시 말하면, 인간은 공간 내의 다양한 지원성을 지각하고 이러한 지각을 바탕으로 공간 내에서 자신의 행위를 결정하게 된다는 것이다. 즉 공간은 일정한 방식으로 어떤 행위를 지원하는 지리적, 구축적, 사회적, 문화적 요소들로 구성되어 있는 것이다. 어떤 특정한 위치에서 공간이 갖는 지원성(Affordance)은 그 장소에서의 인간행태를 위한 잠재적 환경을 구성한다. 그러나 인간이 이러한 지원성을 모두 지각할 수는 없으며, 또 지각된 모든 지원성을 이용할 수도 없다. 예를 들면, 공원의 분수대에서 어른들은 단지 바라보고 감상하는 수준에 머물지만, 어린이들은 자신이 놀 수 있는 공간으로 생각하여 분수대 내에서 놀이를 하기도 한다. 또 유치원의 경우 낮은 칸막이는 아이를 지켜보는 보모나 어머니에게는 아이를 관찰할 수 있고 잠시 쉬거나 기댈 수 있는 것이 되지만, 아이에게는 하나의 경계로 작용하게 된다. 그 장소에서 상부에 어떤 구조물을 매달고 그 바로 아래에 영역성을 강화해 주면, 사람들은 위를 쳐다보는 행위를 하거나, 모두가 똑같이 행동하지는 않지만 상황적 여건에 따라 만남의 장소로, 혹은 아이들의 유희공간으로 사용될 수도 있을 것이다. 이와 같이 생태학적 지각의 관점에서 본다면, 디자인이 지향하는 바는 생태적 상황 하에서 각 유기체에 적절한 지원성을 제공하는 작업이라 할 수 있다. 가령, 건축물이 제공하는 기본적인 행동 가능성에는 이동 가능성, 모임 가능성, 작업 가능성, 도구 혹은 기계로서의 사용

가능성, 사인이나 심벌과 같은 표시물이 제공하는 연상과 전달의 가능성 등이 있다. 이렇듯 잠재적이며 심리적인 지원성을 물리적 공간에 부여하여, 예측 가능한 다양한 행태를 유발시키는 일련의 체계적 계획과정이 좀 더 우리의 설계나 우리가 추구하는 디자인에 반영된다면, 단순한 선뿐만 아니라 점이 갖는 힘은 상상할 수 없는 무엇이 될 것이다. 이 실험을 통해 우리는 작은 관찰과 관심이 얼마나 인간에게 많은 영향을 주는지 알게 되었다.

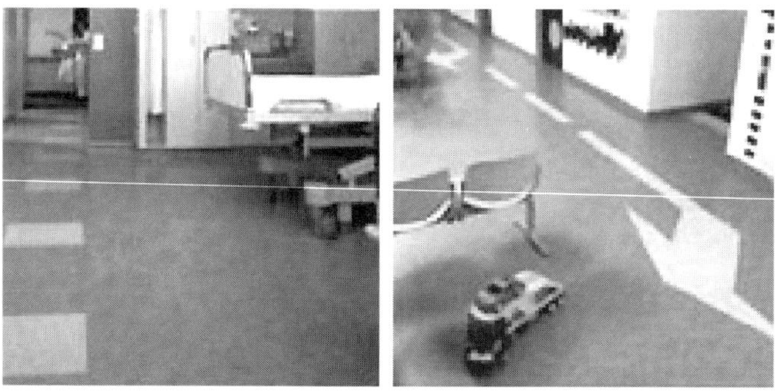

① 의료시설 내의 복도 – 병원에서는 환자들에게 부담을 주지 않는 색과 패턴을 사용하여 지나다니는데 어려움이 없게 해야 한다.

② 유치원 내의 복도 – 바닥패턴을 밝은 색과 동물 이미지를 사용하여 아이들의 동선을 유도하였다.

③ 캐리비안베이 – 방향성이 없는 넓은 곳에 직선의 바닥패턴을 이용하여 사람들의 이동방향을 유도하였다.

④ 보행로 – 사람들이 바닥패턴을 인지한다는 것을 활용한 사례이다.

⑤ 공장 – 노란색의 선이 장비들이 놓인 공간과 보행로를 구분하고 사람들에게 노란색 선 안쪽으로 보행해야 한다는 것을 인지시킨다.

③ 교통시설 주변에서의 인간의 행태

+ 지하철역 안에서의 행태
+ 동대문 운동장 지하철 이용객의 행태조사
+ Setting system 과 Behavior 특성조사

지하철역 안에서의 행태

_이진영
_천혜미
_강유라
_양희숙
_한규옥

1. 주제의 선정이유

교통수단 중 가장 많은 사람들이 이용하는 것이 지하철이다. 신속성과 편리성 때문에 급속도로 이용자가 늘어났다. 매일 반복되는 바쁜 현대생활에서 이런 지하철의 이용은 생활의 일부분이 되었다.

① 많은 사람들이 이용하는 만큼 지하철에서는 다양한 행태적 특성이 나타날 것이라는 것

② 지하라는 특이성을 갖은 공간 속에서 보여지는 행위들

③ 매일 반복되는 생활패턴으로 인해 나타나는 특성

2. 조사

≫ 조사대상

	강남역	방배역	사당역	이촌역	동대문	한남역
운행열차의 호선	2호선	2호선	2,4호선	1,4호선	1,4호선	1호선
이용자 특성	회사원, 20~30대 젊은 층	주택가 - 주민	환승을 하는 사람	환승, 주택	쇼핑, 국인	대학생, 주민
배차간격	3~4분 순환선	3~4분 순환선	2호선 - 3~4분 4호선 - 5분	1호선-24분 4호선-5분	4호선- 4~6분	24분

	강남역	방배역	사당역	이촌역	동대문	한남역
선정이유	학원, 회사, 약간의 주거지역, 유흥가 등이 모여 있어 다양한 사람들이 이용하기 때문	비교적 한산하며 환승하는 역이 아니기 때문	환승을 하는 역의 행태를 관찰하기 위해	배차시간이 길어 기다리는 사람들의 다양한 행태가 있을 것이라고 기대	서울사람뿐만 아니라 지하철을 가까이 접하지 않았던 지방 사람들의 특성을 기대	출입구가 하나로 인한 사람들의 행태적 특성을 기대

계단근처를 서성인다.

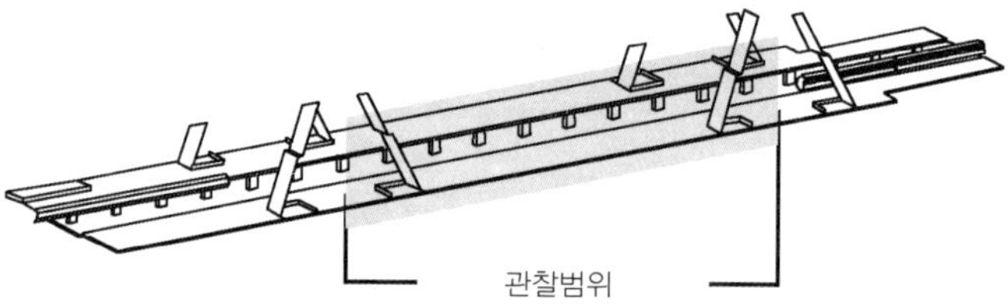

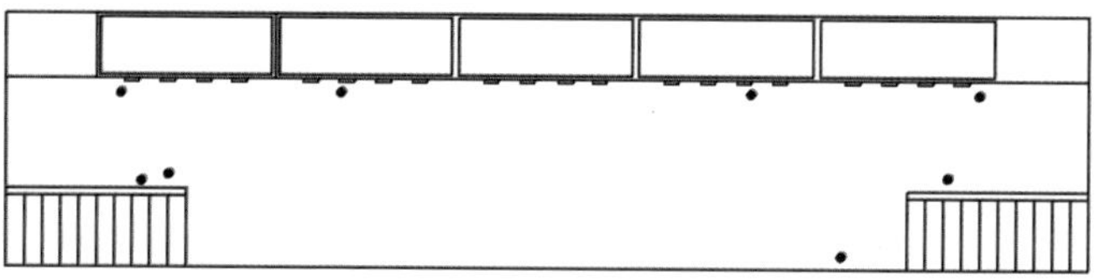

모이기 시작한다

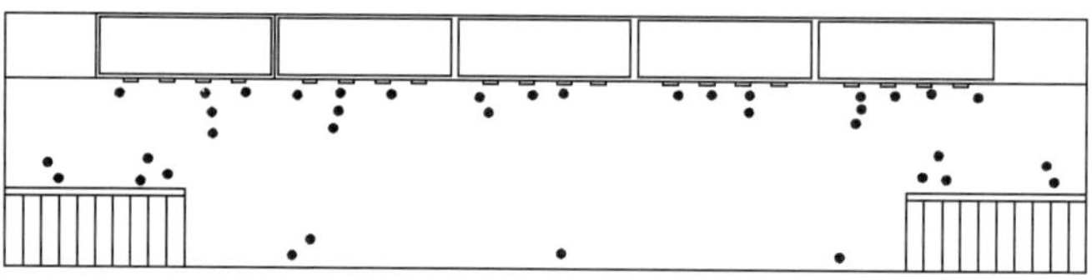

대부분의 사람들이 계단근처를 이용한다.

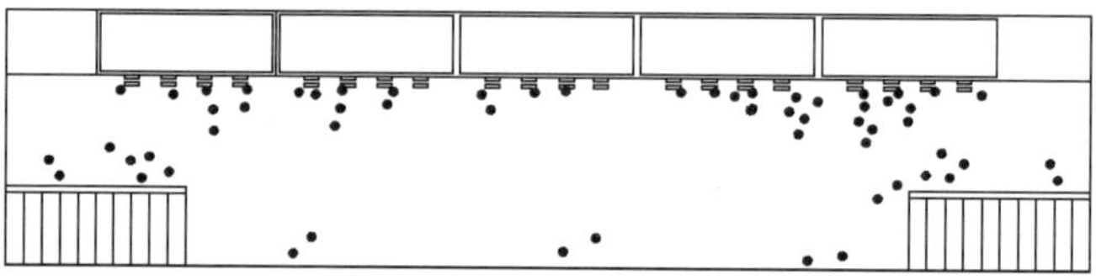

관찰(강남역-대부분의 사람들은 서서 기다린다.)

≫ 조사방법

① 관찰 Observation

지하철을 이용하는 사람들을 관찰함.

10량 전체를 관찰하기 힘든 곳은 구역을 정하여 관찰함.

② 인터뷰 Interview

지하철 이용객과 인터뷰.

간단한 인터뷰 목록을 작성하여 인터뷰 시도

	강남역 1.	강남역 2.	사당역	이촌역	한남역
성별	남	여	여	여	남
나이	32세	23세	21세	43세	27세
직업	금융업	대학생	대학생	주부	대학생
이용목적	출퇴근	학원, 여가활동	통학	주말-교회	통학
이용시간	40분	20분	30분	30분	60분
이용횟수	10회(/주, 왕복)	2회	10회(/주, 왕복)	2회	8회(/주, 왕복)
주로 하는 행태	졸기	서있기	사람들을 쳐다보기	앉아 있기	음악듣기
선호하는 위치	좌석근처	사람들이 없는 곳 이용	환승하기 좋은 위치	좌석 근처	출입문 가까운 곳

3. 결과

≫ 지하철을 기다리는 사람들의 특성

① 대부분의 사람들은 계단근처를 사용한다.

② 자신에게 유리한 곳에서 타려고 한다.(환승, 출입구 등)

– 이촌역에서의 모습

③ 자기만의 영역을 만들려 한다.

– 다른 사람이 앉아있는 구역의 의자는 이용하지 않고 다른 구역으로 간다.

≫ 지하철 안의 사람들의 특성

① 지하철 안에서는 출입문 근처에 서 있으려 한다.

– 빨리 내리기 위함.

- 알지 못하는 사람 앞에 서있는 민망함을 피하기 위함.
- 기대어 있기 위함.

② 사람들은 자리에 앉을 때 가장자리부터 앉으려 한다.

- 모르는 사람과의 접촉면을 줄이기 위함이다.
- 가운데에 앉아있더라도 가장자리에 자리가 나면 모두 이동한다.

이수역에서 환승 유리

강남역	대부분의 사람들은 강남역 근처에 사는 사람보다는 어떤 행위를 하며 머물다 가는 사람들이다. 그래서 인구의 이동이 심하며 지하철을 타려는 사람과 내리려는 사람들로 인하여 매우 혼잡하다.
방배역	역이 한산하여 앉아서 지하철을 기다리는 사람들이 많다.
사당역	환승을 하려는 사람들과 지하철을 타려는 사람들로 인하여 매우 혼잡하다.
이촌역	배차시간이 길어서 기다리는 사람이 많은데 기다리는 모습도 다양하게 일어난다.
동대문역	쇼핑의 중심지이기 때문에 남녀노소 다양한 사람들이 이용한다. 거의 쇼핑을 위한 사람들이다.
한남역	출입구가 하나이기 때문에 거의 모든 사람들이 내릴 때 출입구와 가까운 문에서 내린다. 주로 대학생들이 많이 사용하며 수업에 늦지 않기 위해서 동선을 최소화 하려고 출입문 근처에서 내린다.

◀ 이촌역-배차시간이 길어서 기다리는 모습

사람들은 가장자리부터 채워서 앉는다.

지하철 탑승 시 사람들은 출입문 근처에 있으려 한다.

4. 결론

많은 사람들이 모이는 곳이어서 다양한 행태를 기대했지만 같은 공간, 지하라는 특성을 가져서인지 공통된 패턴을 보였다. 하지만 숨겨진 다수의 모습 또한 보았다. 여자들 같은 경우 출입구에 서있는 이유가 유리창에 비친 자신의 모습을 보기 위함이라고 말해주었다. 장애인, 노약자들은 엘리베이터를 이용하고 바로 앞에서 지하철을 이용하려 한다. 어떤 사람은 지하철 화재에 대비하여 출입구 근처에 서 있다고 말했다. 가판대 근처에서 보기 위한 사람들도 있다.

이렇게 많은 사람들이 이용하는 지하철, 그럼에도 불구하고 개선되어야 할 것이 너무 많다. 우선 불안감을 가진 이용자들에게 안정감을 심어주어야 하며 실내공기, 청결상태 등 환경적으로 개선이 시급하다. 또한 지하공간이기 때문에 wayfinding을 잘할 수 있도록 해야 한다.

많은 사람들이 이용하는 만큼 지하철 안에서 있는 시간도 길다. 긴 시간 동안 지하철을 이용하는데 지루하지 않고 재밌는 공간, 다양한 행동들이 일어날 수 있도록 유도해야 할 것이다.

동대문 운동장 지하철 이용객의 행태조사

_신용석
_이수경

도시구조는 점점 복잡해져 지상에서 뿐만 아니라 지하공간의 활용 면에서도 점차 조직화 되어 가고 있다. 지하철의 보행로는 목적동선으로 이루어지므로 부가되는 길 찾기(Wayfinding) 역시 중요한 문제이다. 이 레포트는 이러한 지하공간에서의 승객들의 Wayfinding방식과 지하철역 내부에서의 인간행태를 살펴보았다.

사례 대상지의 개요

사례 대상지(지하철역)는 길 찾기가 다소 어렵고, 이용자의 수가 많은 역을 선정해 보았다.

대상지 : 동대문운동장역
- 두 개 이상의 노선이 중첩되는 지하철역(환승역)
- 2호선, 4호선, 5호선이 통과한다.

동대문운동장역의 공간체계

	환승	평면형태	평면구성	도로와 보행로관계	동선체계
동대문 운동장역	2호선 4호선 5호선	L자형 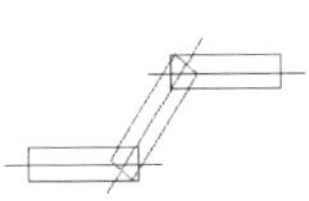	지하1층 : 2/4호선 대합실 지하2층 : 2호선 승강장 4호선 대합실 지하3층 : 4호선 승강장 지하4층 : 5호선 대합실 지하5층 : 5호선 승강장	불일치 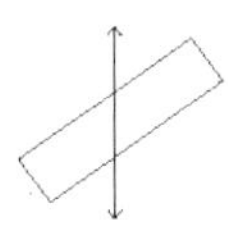	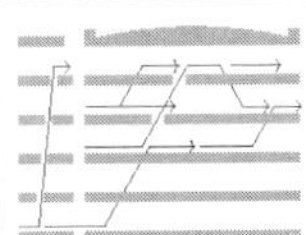 동선 중복

- 단면과 평면의 체계가 상이한 지하철역
- 하차, 승차, 환승행위에 따른 동선체계가 서로 상이한 지하철역

동대문운동장역은 3개의 노선(2,4,5호선)이 통과한다. 평면형태는 L자형에 5호선이 추가된 이용자의 동선이 가장 긴 형태이다. 지하2층

2호선 승강장은 상대식인 반면, 지하3층 4호선 승강장과 지하5층 5호선 승강장이 섬식으로 비교적 길 찾기 용이하다. 지상도로와 지하보행로의 체계가 불일치하며, 각 노선으로의 환승동선이 중복되어 있어, 길 찾기 다른 역들에 비해 용이하지 못하다.

행태 중 길 찾기에 영향을 미치는 중요한 인자는 개별적 환경요소(사인, 안내도, 랜드마크 등)와 건물의 기본구성요소인 공간구조로 나눠진다.

실제 설문조사를 통해 동대문운동장 지하철역을 자주 방문하는 이용객들의 대다수(50명중 33명)는 특별한 환경요소에 의지하지 않고 기본적인 공간을 과거의 경험에 의해 출입구 또는 승강장을 찾아가는 것으로 나타났다.

하지만 동대문운동장역을 처음 방문하거나, 이용 빈도수가 낮은 이용객들(15명중 14명)은 개별적 환경요소인 사인, 매표소, 안내도 등의 도움으로 길 찾기를 하는 것으로 나타났다.

기존의 연구분석 사례를 통해보면 "공간인지가 전혀 안되고 목표지점의 위치가 파악되지 않을 경우 사람들은 보다 집중된 공간, 즉 전체 공간조직의 다른 공간으로 연결되기 쉬운 공간을 위주로 움직여 나간다. 이는 시행착오를 최소화하기 위한 움직임이며, 이러한 전략을 공간구조에 대한 배회의 전략이라고 부를 수 있을 것이다" 라고 기술하고 있으며, 건축공간 내에서의 행태 특성에서 나타나는 바와 같이 환경정보를 타인의 도움 없이 스스로 해석하고 판단하여 길 찾기 한다는 점과, 집중된 공간을 위주로 움직인다는 점으로 미루어 볼 때, 길 찾기 있어서 공간구조는 중요한 역할을 한다고 볼 수 있다.

설문조사를 통해 살펴본 결과 대부분의 전철을 이용하기 위한 이용객들(동대문운동장 지하철역의 구성을 잘 모르는 이용객에 한함)은 출입구를 통해 내려와 전체 평면구성에서의 중간지점과 사람이 많이 모여 있는 장소를 향해 본능적으로 이동하는 것을 알 수 있었고, 그 이후로는 안내도나 사인 그리고 전철의 호선을 나타내는 색의 표지판을 보고 길 찾기 하는 것으로 조사되었다.

동대문 지하철역의 동선체계

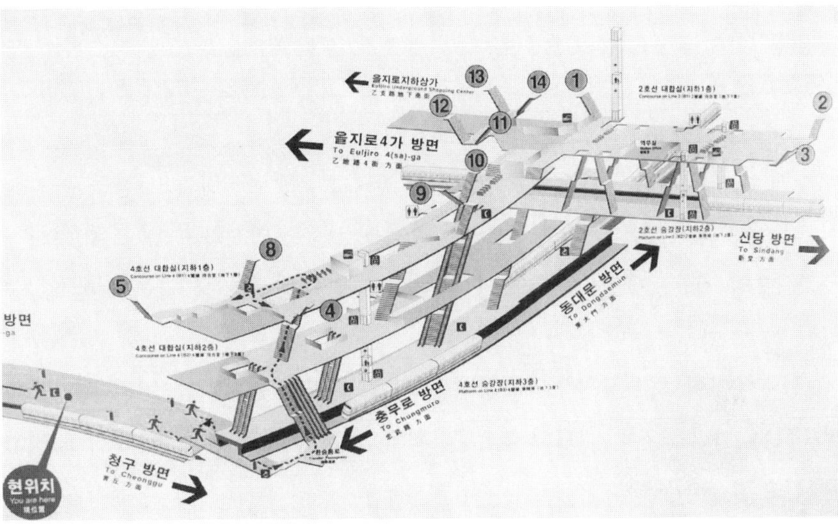

지하철 역사에서의 동선, 대기행태

이용횟수	매 일	일주일에 1회 이상	한 달에 1회 이상	처음 이용해 본다	기 타
설문대상(50명)	14	21	8	2	5
100%	28%	42%	16%	4%	10%

실제 조사에서도 동대문운동장 지하철역을 자주 이용하는 사람들은 자신이 기존에 움직였던 동선을 어떠한 환경요소에도 의지하지 않고 이동하거나, 주변의 기둥, 가게, 계단 등의 위치를 인지해 길 찾기 한다는 것을 알 수 있었다.

그와 반대의 경우로 이 지하철역을 처음 이용하거나 연간 10회 미만으로 이용하는 사람들은 안내도나 표지판 등과 같은 환경적 요소에 크게 의지하는 것으로 나타났다.

동대문운동장 지하철역을 자주 이용하는 승객의 길 찾기 방식

방 법 \ 비 율(%)	10	20	30	40	50	60	70	80	90	100(%)	총 35명중
안내도를 살핀 후											
사인을 따라											5.7%
기타의 공간인지에 따라											31.4%
아무 도움 없이											62.9%
기 타											

동대문운동장 지하철역을 거의 이용하지 않는 승객의 길 찾기 방식

비 율(%) / 방 법	10	20	30	40	50	60	70	80	90	100(%)	총 15명중
안내도를 살핀 후											13.3%
사인을 따라											80%
기타의 공간인지에 따라											
아무 도움 없이											
기 타											6.6%

동대문운동장 지하철역은 3개의 지하철 호선이 만나는 환승역이다. 그중 4호선과 5호선의 승강장을 중심으로 조사하였다.

위 그림에서도 보듯이 4호선의 승강장은 다방면의 동선체계(계단, 에스컬레이터)로 이어지고 있는 반면, 5호선은 지하 5층으로 가장 하부 층에 위치하고 있어 그 동선체계는 양쪽의 끝부분에만 위치해 있다. 실 대상지 조사를 하기 전에는 5호선 같은 경우 코어에서 가까운 곳에 사람들이 몰려 있을 것이라 예측을 했지만, 그와는 반대로 사람들이 많지 않을 경우 승강장 중간지점으로 이동하는 것을 알 수 있었다.

조사결과 연령층에 따라 나이가 젊은 층일수록 사람이 많지 않은 승강장의 양쪽 끝부분이나 코어에서 어느 정도 거리를 둔 장소를 선호했고, 그와 반대로 노년층일수록 앉을 수 있거나 사람이 많은 승강장 중간부분, 특히 코어와 그리 멀지 않은 장소를 선호했다.

또한 지하철을 기다리면서 하는 행동에 관해 조사한 결과 사람들 대부분이 철로 근처에 서서 지하철을 기다리는 것으로 나타났다.

특히 승강장내 사람이 적을수록 이용객의 이동거리는 짧았으며, 앉아서 지하철을 기다리는 것을 선호했다. 그와 반대로 이용객의 수가 많을 경우 사람이 적은 곳을 향해 찾아가는 이동거리는 길었으며, 특정행위 없이 철로 근처에 서서 지하철을 기다리는 사람들이 많았다.

이 조사를 통해 특정한 지형지물이나 건물, 도로 등의 인식이 없는 지하 공간 내에서의 이용객의 길 찾기는 특정 공간의 기억이나, 사인 등을 보며 자신의 목표점을 찾아낸다는 것을 알게 되었고, 지상출구에서 지하 각 승강장으로 연결되는 대합실 복도의 통합도의 이용도가 가장 높은 것으로 조사되었다.

또한, 지하철을 기다리면서 하는 행동에 관해 조사한 결과 사람들 대부분이 철로 근처에 서서 지하철을 기다리는 것으로 나타났다. 특히 승강장내 사람이 적을수록 이용객의 이동거리는 짧았으며, 앉아서 지하철을 기다리는 것을 선호했다. 그와 반대로 이용객의 수가 많을 경우 사람이 적은 곳을 향해 찾아가는 이동거리는 길었으며, 특정행위 없이 철로 근처에 서서 지하철을 기다리는 사람들이 많았다.

이 조사를 통해 특정한 지형지물이나 건물, 도로 등의 인식이 없는 지하 공간 내에서의 이용객의 길 찾기는 특정 공간의 기억이나, 사인 등을 보며 자신의 목표점을 찾아낸다는 것을 알게 되었고, 지상출구에서 지하 각 승강장으로 연결되는 대합실 복도의 통합도의 이용도가 가장 높은 것으로 조사되었다.

승강장 내에서 지하철을 기다리는 장소

비 율(%) / 방 법	10	20	30	40	50	60	70	80	90	100(%)	총 50명중
코어에서 가까운 곳											14%
승강장의 중간지점											32%
승강장의 양끝 지점											26%
사람이 적은 곳											28%
기 타											

승강장 내에서 지하철을 기다리면서 하는 행동

방 법 \ 비 율(%)	10	20	30	40	50	60	70	80	90	100(%)	총 50명중
의자를 찾아 앉는다.											12%
철로 근처에 서서 기다린다.											64%
신문, 책 등을 본다.											14%
기 타											10%
	(기타의견 : 음악을 듣는다. 2명, 전화를 한다. 3명)										

Setting System 과 Behavior 특성조사

_김종도
_박혜옥
_신경진
_조경숙
_이필호

우리 주변 Setting System과 거기에서 발생하는 Behavior 특성에 대해서 조사하기 위해 우리 팀원들은 서울역에서 1일간 사람행동과 동선분석을 하였다.

실내 · 실외 공간에 대해 나눠서 조사하였으며 중점적으로 관찰한 사항으로는 각 공간마다 건축가가 의도한 방향대로 사용되고 있는가와 의도하지 않은 행태가 어떠한 방식으로 나오는가에 대한 파악과 분석이었다.

그러면 여러 가지 사례를 토대로 Setting System과 거기에서 발생하는 Behavior 특성에 대하여 알아보기로 한다.

서울역의 Site map

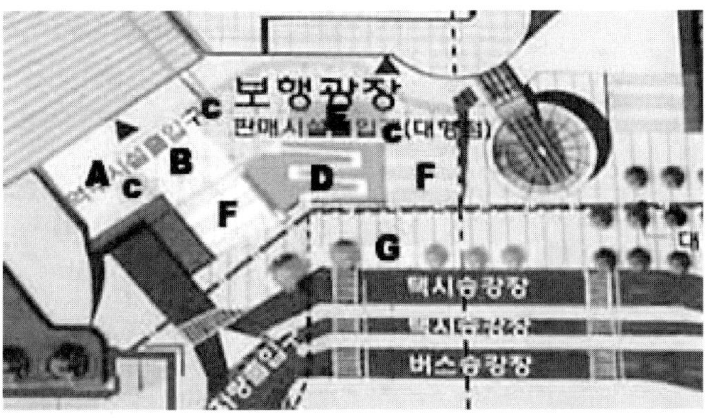

A : 역사 앞 공간에서 한 뮤지션의 공연

이는 건축가가 의도한 Setting system이 아닌 전형적인 특성으로 주변에 열차를 기다리는 사람들의 좋은 구경거리가 되며, 음악가에게는 자신을 알릴 수 있는 기회가 되어 참 좋은 공간으로 변화하였다는 생각이 든다.

역사 입구의 퍼포먼스 공간과 이를 지켜보며 열차나 사람을 기다리는 사람들

B : 역사 앞의 등간격으로 배치된 화단들

처음에는 그냥 무심코 조경만을 위해 놓은 것이라고 생각했었는데 이를 행태적 특성과 연결시켜 보니 하나 깨닫게 된 것이 있었다.

이 화단은 실내의 기둥과 같은 역할을 하고 있다는 것이다. 공간구획 뿐 아니라 사람들이 화단 주변으로 모여 영역을 만들고 있었다.

만약 화단이 없었다면 사람들은 중앙부를 비워두고 주변으로만 서 있었을 것이다.

역사 앞 정렬된 화단과 그 화단 주변으로 사람들이 모여 있는 모습

수업시간에 기둥이 없는 한 공간에 사람들이 공간의 중간을 텅 비워두고 공간 주변 벽 쪽을 등지고 서있던 반면에, 기둥이 있는 공간에서는 공간에 등 간격으로 계획된 기둥을 등지고 중간 중간에서도 영역을 형성하며 사람들이 모여 있던 것을 볼 수 있었다. 이렇게 실외에서도 그 기둥역할을 하는 화단으로 그 실험결과를 확인하게 된 중요한 자료라고 생각한다.

C : 실외의 흡연구역

실외에 세 군데 정도의 흡연구역을 지정해 놓고 쓰레기통을 비치해 두었다.

이는 실외에서도 무분별하게 흡연을 할 경우 기다리는 비흡연자에게 간접적으로 주는 피해를 최소화 할 수 있게 하는 방편인 동시에, 흡연자들이 아무데서나 흡연할 경우 쓰레기 무단 투기도 확실히 줄일 방편도 되는 것 같았다. 흡연자들은 흡연자들끼리 흡연공간에서 비흡연자들은 비흡연자들끼리 담배연기 없는 곳에서 모임으로써 서로에게 피해를 최소한으로 줄 수도 있게 해주는 역할도 있는 것 같았다.

Setting system의 의도가 실제로도 잘 적용되는 좋은 예라고 할 수 있겠다.

흡연자들은 재떨이를 중심으로 모여 있다.

D : 장애인, 캐리어를 위한 경사로

외부에서 역사로 진입하기 위한 장애인을 위한 경사로, 그러나 실제로는 기다리는 사람들이 걸터앉는 의자 역할을 하고 바퀴달린 가방을 들고 가는 승객들이 계단을 피해 램프를 이용하고 있었다.

다소 공간을 많이 소모하고 있는 모습이 이용률과 많이 차이가 나서 아까운 공간이라는 생각이 들지만, 이는 장애인들에게 꼭 필요한 시설이므로 보다 공간을 절약하고 보다 효율적인 방안이 모색되어야 할 듯싶었다.

장애인과 캐리어를 끌고 가는 승객을 위한 경사로

E : 국기 게양대와 조형물

법으로 일정 규모 이상의 건물에는 공사비의 일정 비율만큼 조각상이나 예술 조형물을 의무적으로 설치해야 한다. 삭막한 미관을 조금이라도 아름답게 하기 위한 좋은 의도이다.

실제로 거의 모든 조형물들은 위와 같이 사람들의 휴식공간으로 사용되거나 공개공지에 의도적으로 시민들을 위한 공용공간으로 계획되는 사례가 많이 있다. 서울역의 조형물도 위치나 형태로 봤을 때 사람들이 쉴 수 있는 공간도 계획 시 고려된 듯하다.

국기 게양대의 경우에는 그런 의도를 도입하기 힘든 부분이라고 생각되어 계획되어진 것이 아닌 느낌이 많이 들었지만, 조형물의 바로 옆에 위치하고 있어서 사람들의 동조의식으로 자리가 부족할 때 그쪽에 앉아 쉬게 되어 이는 setting system이 아닌 생겨난 행태인 것 같다.

F : 계단과 옆의 경사로, 단이 높은 계단

주 진입계단이 세 종류로 구획되어 있었는데, 오른쪽의 단이 높은 계단은 주로 사람들이 걸터앉아 얘기하는 공간으로 쓰이고 있었다. 이는 계획된 공간이라는 생각이 들었고, 계획대로 활발하지는 않지만 잘 사용되는 것 같았다. 그러나 오른쪽의 램프는 경사도로 보아 장애인 휠체어용이 아닌 짐을 나르기 위한 용도로 보이는데, 위 사진과 같이 노숙자들의 몸 누일 공간으로 쓰이고 정작 무거운 짐은 옆의 램프를 이용하는 모습을 볼 수 있었다.

G : 도로와 인도를 구분하는 화단의 설치

도변 도로의 차선은 약 네 개의 차선을 승객들의 승하차 용도로 쓸 수 있게 해 택시 승하차용으로 쓰이게 했으며, 그 도로와 인도의 사이에 등간격으로 긴 화단을 설치함으로써 사람들이 지나다닐 수는 있지만 경계선이라는 느낌을 받을 수 있도록 영역성을 부여하는 역할을 하는 것 같았다. 또한 위의 사진과 같이 앉아 쉴 수 있는 공간도 되며 영역성으로 인한 무단횡단 방지의 역할도 할 수 있다고 생각되었다.

그냥 관습적으로 보통 화단은 어디에, 의자는 어디에 설치된다는 그런 것들이 하나하나 곱씹어 보면 다들 사람의 행태에 근거된 모습들이라고 생각이 든다.

위와 같이 의도된 대로 사람들의 행태가 일치하는 경우도 있지만 의도하지 않은 공간이 생기거나 용도가 변형되어 사용되는 것을 쉽게 찾아 볼 수 있었다.

보다 많이 연구하고 예상하여 보다 많은 공간을 의도할 수 있다는 것을 깨닫고 여러 공간이 의도되지 않게 어떻게 쓰이는지에 대해서 더 공부하고 싶다는 의욕을 불러일으키는 조사하였다.

구역별 Setting system**과** Behavior

	Setting system	Behavior
A	의도되지 않은 공간	퍼포먼스 공간이 탄생됨
B	조경을 위한 공간	화단을 주변으로 사람이 모일 수 있는 공간이 되어 사람들이 모임.
C	흡연공간	흡연자들과 흡연자들의 모이는 공간이 나뉘어짐
D	장애인용 램프 진입로	캐리어의 통로, 사람들의 모임공간
E	조형물, 국기 게양대	앉아 쉬는 공간
F	세 가지 모양의 계단 부분	앉아 쉬는 공간, 무거운 짐의 이동 통로로 쓰임
G	도로와 인도의 화단	앉아 쉬는 공간, 영역성으로 인한 무단횡단 억제

계단의 오른쪽에 단이 높은 계단과 왼쪽의 경사로 그리고 에스컬레이터

주변 도로와 인도 사이에 화단은 걸터앉는 용도와 영역구분을 해줌

④ 도심 속 휴게공간에서의 인간행태

+ 도심 속 휴게공간의 행태분석 및 방안 제시
+ 탑골공원과 종묘공원의 노인의 행태 비교
+ 탑골공원을 방문하는 노인의 행태
+ 코엑스의 벤치의 Setting System
+ 코엑스 Sunken Garden 인간의 행태

도심 속 휴게공간의 행태 분석 및 방안 제시

_이미경
_배정요
_차미희

빌딩으로 가득한 도시에서 공개공지의 벤치와 약간의 조경들은 도시민들에게 삶의 활력을 줄 수 있는 장소이다. 그러나 이러한 공개공지가 법규에 의거한 형식적인 공간으로만 존재하는 경우가 많다.

도심 속 휴게공간의 질적 향상과 이용의 활성화를 위해 휴게공간을 이용하는 사람들의 행태를 중심으로 현장조사와 설문조사를 하고 개선방안을 살펴보았다.

공개공지 확보를 위한 건축기준(일반시민의 휴게공간)

제113조(공개공지 등의 확보)

① 법 제67조제1항의 규정에 의하여 다음 각 호의 1에 해당하는 건축물의 대지에는 공개공지 또는 공개공간을 확보하여야 한다. 〈개정 1999.4.30〉

1. 연면적의 합계가 5천 제곱미터 이상인 문화 및 집회시설, 판매 및 영업시설(농수산물 유통 및 가격안정에 관한 법률 제2조의 규정에 의한 농수산물유통시설을 제외한다), 업무시설, 숙박시설
2. 기타 다중이 이용하는 시설로서 건축조례가 정하는 건축물

② 제1항의 규정에 의한 공개공지 또는 공개공간의 면적은 대지면적의 10퍼센트 이하의 범위 안에서 건축조례로 정한다. 이 경우 법 제32조의 규정에 의한 조경면적을 공개공지 또는 공개공간의 면적으로 할 수 있

다.〈개정 1999.4.30〉

③ 제1항의 규정에 의한 공개공지 또는 공개공간에는 긴 의자, 퍼걸러 등 공중이 이용할 수 있는 시설로서 건축조례가 정하는 시설을 설치하여야 한다. 이 경우 공개공지는 필로티의 구조로 설치할 수 있다.

④ 법 제67조제2항의 규정에 의하여 공개공지 또는 공개공간을 설치하는 경우로서 법 제48조 및 법 제51조의 규정을 완화하여 적용하고자 하는 경우에는 다음 각 호의 범위 안에서 건축조례가 정하는 바에 의한다. 〈개정 1995.12.30, 1999.4.30〉

1. 법 제48조의 규정에 의한 용적률은 당해 지역에 적용되는 용적률의 1.2배 이하
2. 삭제〈1999.4.30〉
3. 법 제51조의 규정에 의한 높이제한은 당해 건축물에 적용되는 높이기준의 1.2배 이하

⑤ 바닥면적의 합계가 5천 제곱미터 이상인 건축물로서 제1항의 규정에 의한 공개공지 또는 공개공간의 설치대상이 아닌 건축물(주택법 제16조제1항의 규정에 의한 사업계획승인 대상인 공동주택을 제외한다)의 대지에 제2항 및 제3항의 규정에 적합한 공개공지를 설치하는 경우에는 제4항의 규정을 준용한다.〈개정 2000.6.27, 2003.11.29〉

서울시의 경우 확보해야 할 공개공지의 면적은 최소 45제곱미터 이상이어야 하는데 건축물의 규모가 5,000~1만 제곱미터 이상일 때에는 대지면적의 5% 이하 1만~3만 제곱미터인 경우는 7% 이상을 30,000제곱미터가 넘을 때에는 대지면적의 10% 이상을 확보해야 한다. 공개공지는 일반다중이 이용하기에 편리한 장소에 설치해야 하며 공개공지 안에는 조경, 벤치, 퍼걸러, 시계탑, 분수, 무대, 전시시설 등의 시설을 설치하여 일반인에게 상시로 개방하여야 한다.

휴게공간의 유형 분류

휴게공간의 특성 및 유형 분류

도심 속 휴게공간을 각각의 특성에 따라 분류하였다.

첫째, 법규검토에 따른 휴게공간으로 보행공간, 휴식공간, 녹지공간으로 분류하였고, 둘째 휴게공간은 옥외공간 조성에 따라 광장 보행자 덱(deck), 선큰 가든, 아케이드, 콜로네이드, 필로티, 캔틸레버 등의 유형으로 분류된다, 셋째, 휴게공간이 대지 내 전면·후면·측면 중 어느 곳에 위치해 있는가에 따라 전정형, 후정형, 측면형, 모퉁이형, 혼재형으로 분류한다.

법규에 따른 공개공지의 휴게공간의 특징

구 분	개 념	근 거	특 성
공개공지	쾌적환경 조성을 위한 공간	건축법	휴식공간
공공공지	24시간 개방되는 대지의 일부분	도시계획법 지구단위계획법	
공공보행통로	일반인 보행을 위한 대지 내 통로	도시계획법 지구단위계획법	보행공간

공개공지 조성기준에 따른 적용사항의 설정

구 분	조성기준	적용사항 설정
보행공간	건물로의 진입	보행자 진입 보행자 안전에 관련된 사항
	건축선 후퇴부	보행자의 통행 보차분리 유무 (차량 출입시설) 차량 출입 시 보도상의 차량 출입시설의 포장, 단차
	대지 내 보행로	보행자 연결통로
휴식공간	옥외 휴식공간	보행중 접근의 용이성 휴식편의시설의 유무 휴게공간 단면의 최소폭 (3m)
녹지공간	대지안의 조경	조경의 집중도 조경면적의 최소면적 조경공간의 단면폭 (1m)

공개공지의 분류

구 분	물리적 형태	건축적 형태	특 성
옥외공간	비건폐 공개공지	광장	둘러싸임을 바탕으로 이루어진 오픈스페이스로써 커뮤니티 형성의 중심지 역할을 함. 모서리 광장, 중블록 광장, 블록통과 광장
		보행자 덱	보행자 전용도로의 한 형태로 통과 교통의 처리를 위하여 지면에서부터 2층 이상의 건물 사이를 서로 연결하는 독립적이고 입체적인 도로
		선큰가든	대지의 일부를 낮춤으로써 옥외이면서도 충실된 실내공간화로 안모서리 공간을 형성
	건폐공개공지	아케이드	한쪽 면이 가로나 광장에 면하여 개방된 천장이 있는 연속된 복도형 공간
		로지아	2층 이상의 높이에 있는 아케이드형 공간
		포르티코	지붕이 있는 보행로로 주랑 현관이라고도 함
		콜로네이드	건물의 엔테블러처를 지지하는 기둥 내
		필로티	건물 1층 부분에 벽이 없이 기둥만으로 지지된 공간
		캔틸레버	돌출부 형식으로 그 밑의 공간이 공공공간으로 이용됨

옥외공간 조성에 따른 유형

휴게공간을 옥외공간 조성에 따라 분류하면, 건폐 정도에 따라 3가지로 구분할 수 있는데, 우선 비건폐 공개공지는 단위대지 내에 건축물 또는 시설물에 의해 건폐되지 않은, 하늘이 보이는 공개공지로 광장, 보행자 덱, 선큰가든 등을 둘 수 있다. 건폐 공개공지로는 단위 대지 내에 건축물 또는 시설물에 의해 건폐되어 있는 공개공지로 그 접근은 공공에게 열려있으나 직접적으로는 하늘을 볼 수 없는 공간으로, 아케이드, 로지아, 포르티코, 콜로네이드, 필로티, 등을 예로 들 수 있다.

대지내 위치에 따른 유형

도심 속 휴게공간은 도시 중심부의 한 건물 앞의 조그마한 전원일 수도 있고, 가로 그 자체일 수도 있으며, 때로는 교외의 대규모 공원일 수도 있다.

그것은 시민이 매일매일 출근길에 지나치는 장소일 수도 있고, 특별히 가기 전에는 접촉할 수 없었던 먼 곳에 떨어진 것일 수도 있다.

그러므로 대지 내에 오픈스페이스를 행보한다는 것 외에 보행공간에서 일어나는 사회적인 모든 활동을 수용할 수 있는 기본적인 조건으로 공간을 행보한다는 의미이다. 또한 가장 지능적이고 기능적인 오피스 활동이 지면과 유보되고 폐쇄된 고층 건축물에서 일어날 수 있는 불안정과 단조로움을 탈피하기 위해서 다른 동물들과 마찬가지로 땅위에서 안정감을 느끼는 인간에게 자유스러운 공간감을 느낄 수 있는 오픈스페이스를 제공하는데 그 필요성이 요구된다.

휴게공간은 공개공지의 대지 내 위치에 따라 전정형, 후정형, 측면형, 모퉁이형, 그리고 이 유형들이 혼합된 혼재형으로 나눌 수 있다.

전정형이나 후정형은 단일 건물이나 두 개 정도의 건물에 적용하는 방법으로 건물의 크기에 비해 비교적 많은 대지면적을 필요로 한다.

측면형이나 모퉁이형은 여러 건물로 둘러싸여 있어 제제성 공간을 형성하기 쉬우며 전정형에 비해 작은 면적으로 이룰 수 있는 장점이 있다.

≫ 현장조사

M building

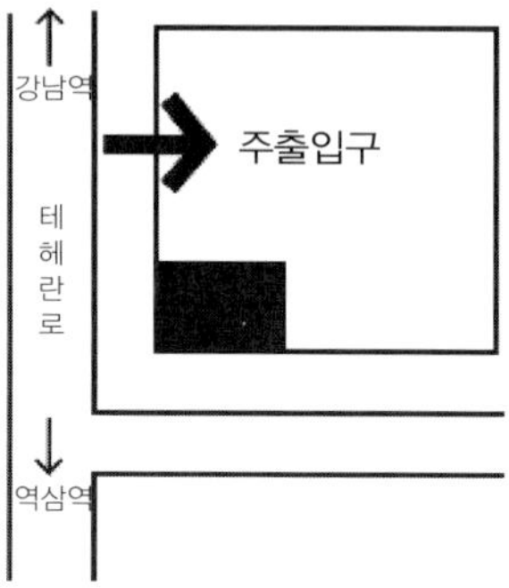

측면 위치

두 개 층이 필로티로 되어 있어 개방감이 크다. 공간은 좁은 편이다.

휴게공간이 대로를 마주보고 있으며 측면에 위치하여 사내 직원보다는 외부인과의 대화, 사람 기다림의 목적으로 이용된다.

– 단시간 이용

현장 조사 12월 8일 3:30 PM

벤치가 3개 있었는데 4명만이 벤치에 앉아 있었고 5분 사이에 12명이 이 공간을 가로질러 이동하는 것을 볼 수 있었다.

P 사옥

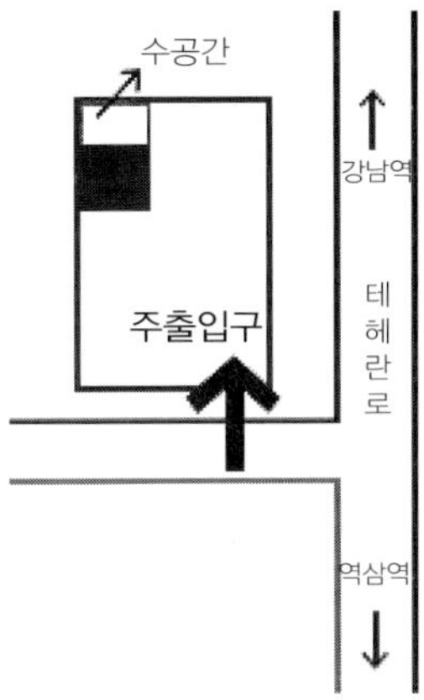

메인 출입구가 두 개 층이 필로티 처리되어 있고 필로티 밑으로 들어와 왼쪽으로 선큰된 지하 1층에 휴게공간이 있다. 지하 1층의 실내에는 음식점, 슈퍼, 은행 등이 있어 내부공간과 연계되어 있었다. 주로 사내 직원의 이용이 대부분 이었고 남자 직원들의 흡연공간으로 이용하고 있었다. 여자는 한 명도 보이지 않았다. 외부인이 그곳을 이용하러 가기에는 심리적 · 공간적으로 폐쇄적인 느낌이 있었다.

현장조사 12월 8일 4:00 PM

이용인원 13명

돌 장식물이 벤치를 대신하여 앉아 있는 사람은 볼 수 없었다.

현장조사 12월 9일 10:50 AM

이용인원 6명-전원 남자직원

모두 흡연 장소로 이용

H Building

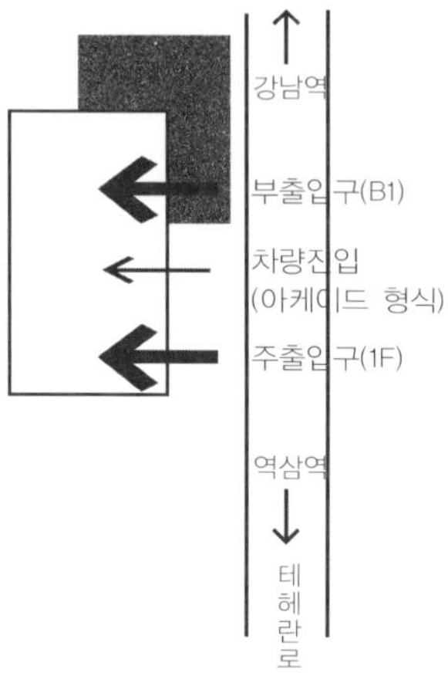

전면+측면에 위치

나무(조경)가 많이 심어져 있어 회사 내부공간의 일부인 듯한 느낌이 들어서인지 외부인의 이용객은 없었다.
사내직원들의 흡연이 90% 이상이었고 나머지는 대화장소로 이용되었다.

현장조사 12월 8일 4:20 PM

이용인원 23명 – 전원 남자직원

앉아 있는 사람 거의 없음.

현장조사 12월 9일 11:10 AM

이용인원 17명 – 전원 남자

사람들의 이용시간은 아주 잠깐

S Tower

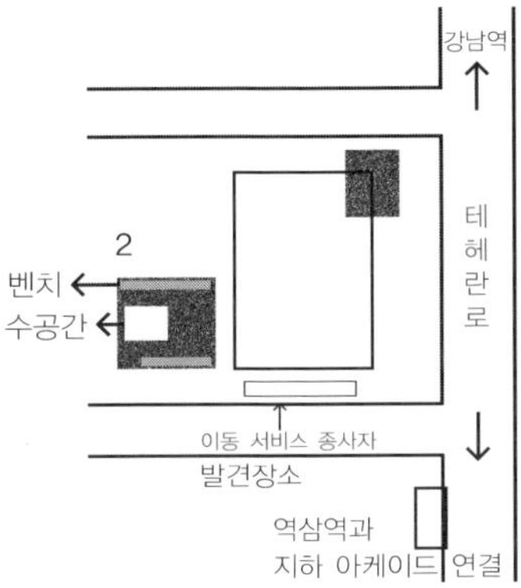

건물 규모도 크고 공개공지 또한 제일 크다. 차량 진입공간에 다른 건물과 다르게 많은 공간을 할애한다. 조경 및 어프로치에 신경을 많이 썼다. - 차량 아케이드

①번 휴식공간

건물 측면에 작은 선큰 형식의 외부공간이 있다. 지하로의 진입, 흡연의 장소로 사용되고 있었다.

②번 휴식공간

공간이 넓고 차로 및 보도에 접해 있어 개방감이 크다. - 외부 이용객의 이용이 쉬워 보이고 벤치가 있다.

건물 내부의 흡연실과 연결되어 있어 실내에서 담배 피는 사람도 많았다.

①번 휴식공간

현장조사 12월 8일 4:40 PM

①번 휴식공간

- 당시 5명 이용
- 여성 이용객은 없었다.

②번 휴식공간

- 당시 이용객 12명 여자 이용객 3명 - 대화, 잠시 바람을 쐬러 나옴
- 벤치가 있으며 당시에 앉아서 있던 사람은 3명

②번 휴식공간

현장조사 12월 9일 11:30~ 12:00AM

②번 휴식공간

외부인의 이용이 많다.

– 접근성의 용이

– 랜드마크적인 효과 : 약속장소로 많이 이용

29명 이용 (여자 직원 2명)

택배 아저씨 – 길가 쪽 벤치에 앉아 5명 대기

외부인 : 길가 쪽 벤치에 주로 앉아 사람을 기다림

: 안쪽 벤치에 앉아 대화를 나눔

(대체로 외부인은 길가 쪽에 앉아 있다.)

직장인 – 대화 , 흡연, 휴식의 목적으로 이용

➜ 외부 이용객과 사내 직원이 반반 정도 사용하고 있었다.

(※ 건물 관리인이 촬영과 설문을 금지)

L Building

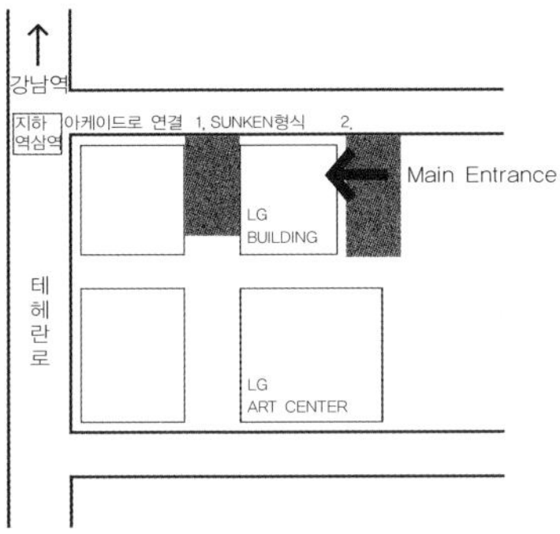

①번 휴게공간

선큰되어 있어 지하 1층과 연결되어 있다. —지하철역과 LG빌딩 사이의 아케이드 도로 레벨에서 낮아 아늑하다. 시각적으로 차량의 이동이나 소음을 완화시켜준다.

②번 휴게공간

주출입구와 같은 레벨로 ①번 휴게공간보다 이용객은 많으나 이용시간이 짧았다. 개방감은 더 컸다.

현장조사 12월 8일 5:00 PM

①번 휴게공간

대체로 사내 직원들의 흡연 대화장소로 이용됨.

여성 이용객 3명, 총이용객 17명

②번 휴게공간

당시 이용객 24명

현장조사 12월 9일

— 12:10 PM

①번 휴게공간

점심식사시간이라 이동도 많고 이용객도 많음.

주로 사내직원이 대부분이고 외부인은 일부

음료수를 마시면서 대화하는 사람이 1/3 정도이고 나무벤치가 모두 이용되고 있다.

— 12:30 PM

②번 휴게공간

당시에는 6명 이용

20분 뒤에는 33명 이용 (여자 2명)

실내와 외부공간을 오가는 이동인원이 매우 많고 대화하는 사람이 많아 흡연 목적으로만 이용하는 사람보다는 대화목적의 이용객이 더 많았다. 사람들의 70%가 실내복 차림을 하고 있어 단시간 이용임을 알 수 있었다. 벤치를 장식용 돌로 이용하여 앉아 있는 사람은 1명만 찾아 볼 수 있었고, 대체로 서서 이용하고 있었다. 빌딩으로 인해 햇빛이 가려져서 더 추운 경향이 있었다.

주진입로

내부

설문지 조사

휴게공간에 대해 느끼는 만족도, 장소에 대한 만족 정도, 이용목적, 휴게공간에 대한 의견, 이용시간 그리고 개선되어야 할 일반사항 등의 항목으로 조사하였으며, 그 외에도 일반적인 휴게공간에 대한 위치 선호도와 필요한 휴게공간에 대한 고려사항, 환경구성요소, 환경현황 및 이용자에 대한 인식도, 만족도, 분석 등을 조사내용으로 작성하였다.

테헤란로에서 휴게공간을 이용하는 사람들 39명(남자 30명/ 여자 9명)을 대상으로 설문조사를 해 보았다.

접근성

① 이용목적

테헤란로는 중심상업지역으로서 특별한 목적 없이 단지 보행만 하는 사람은 거의 없었다. 이용 대상자로는 건물이용자인 직원들의 휴식공간으로서의 역할이 가장 주를 이루었고, 그 밖에는 타 지역에서 온 외출 근무자, 이동서비스 종사자, 일반 보행자 등이 있었다. 공간이 목적공간으로써보다는 다른 행위를 위한 준비 장소로 이용되고 있으며 이동 중 휴식이 34%로 가장 많았다.

② 이용횟수

2003년 7월부터 실시한 건물 내 금연구역 확산으로 흡연을 위해 건물의 외부공간을 가장 많이 이용하게 되었다. 대부분이 남자였고 1~2회가 가장 높은 사용 비율로 나왔다.

이 흡연자들은 시설물이(벤치, 자판기 등) 없이도 휴게공간만 주어진다면 사용요구는 충족될 수 있다는 의견이 있었다.

③ 머무르는 시간

머무르는 시간은 대부분 20분 이내로 이는 보행로상의 잠시 머무를 수 있는 의자와 그늘의 제공만으로도 일반 보행자에 의한 공개공지 사용요구는 충족될 수 있다는 것을 말해준다.

④ 휴게공간의 위치 선호도

접근성에 따른 사람들의 행태

<table>
<tr><th>쾌적성</th><th>내 용</th><th>구 분</th><th>인원</th><th>비율(%)</th><th>비 고</th><th>총인원</th></tr>
<tr><td rowspan="15">접근성</td><td rowspan="4">이용목적</td><td>이동 중 휴식</td><td>13</td><td>34</td><td></td><td rowspan="4">38</td></tr>
<tr><td>사람 기다림</td><td>5</td><td>13</td><td></td></tr>
<tr><td>시간 보내기</td><td>11</td><td>28</td><td></td></tr>
<tr><td>기타</td><td>9</td><td>23</td><td>흡연(5), 커피 마심(1), 휴식(3)</td></tr>
<tr><td rowspan="4">하루 중 이용횟수</td><td>1~2회</td><td>19</td><td>47</td><td></td><td rowspan="4">40</td></tr>
<tr><td>2~3회</td><td>7</td><td>17</td><td></td></tr>
<tr><td>3~4회</td><td>4</td><td>10</td><td></td></tr>
<tr><td>그 이상</td><td>10</td><td>25</td><td></td></tr>
<tr><td rowspan="4">머무르는 시간</td><td>15분</td><td>20</td><td>52</td><td></td><td rowspan="4">38</td></tr>
<tr><td>10~20분</td><td>15</td><td>39</td><td></td></tr>
<tr><td>30분 이하</td><td>2</td><td>5</td><td></td></tr>
<tr><td>그 이상</td><td>1</td><td>2</td><td></td></tr>
<tr><td rowspan="3">휴게공간의 선호도</td><td>전면</td><td>3</td><td>7</td><td></td><td rowspan="3">39</td></tr>
<tr><td>측면</td><td>12</td><td>30</td><td></td></tr>
<tr><td>후면</td><td>24</td><td>61</td><td></td></tr>
<tr><td rowspan="5">인지성</td><td rowspan="2">휴게공간 이용유무</td><td>유</td><td>34</td><td>87</td><td></td><td rowspan="2">39</td></tr>
<tr><td>무</td><td>5</td><td>13</td><td></td></tr>
<tr><td rowspan="3">앞으로의 이용계획</td><td>이용하겠다</td><td>37</td><td>97</td><td></td><td rowspan="3">38</td></tr>
<tr><td>이용하지 않겠다</td><td>0</td><td></td><td></td></tr>
<tr><td>잘 모르겠다</td><td>1</td><td>3</td><td></td></tr>
</table>

쾌적성	내 용	구 분	인원	비율(%)	비 고	총인원
인지성	장소에 대한 인식	넓다	10	26		38
		보통이다	20	52		
		좁다	8	5		
		아주좁다	0			
	휴게공간에 대한 인식	회사내 생활 공간	20	51		39
		필요성 느끼나 이용시설부족	18	46		
		이용하지 않으나 필요	1	2		
		별로 필요성 못느낌	0			
쾌적성	휴게공간에 대한 만족도	아주 만족	1	3		33
		만족	10	30		
		보통이다	22	66		
		불만족	0			
		아주 불만족	0			
	이용하지 않는 이유	위치	0			25
		청결	6	24		
		시설	9	36		
		필요성을 못 느낌	2	8		
		관심없음	8	32		
	부족한 휴게시설	수공간	5	13		
		자판기	15	40		
		벤치	9	24		
		쓰레기통	6	16		
		기타	2	5	건물내부, 휴게실(1)	
사용하는 패턴	주로 사용하는 시간	출근하는 아침시간	0			41
		점심시간	20	48		
		틈날 때 마다 종종	21	51		
	누구와 함께 이용하는가	혼자	3	7		39
		동료와	34	87		
		기타	2	5		
	악천후 시 사용할 다른 휴게공간	있다	7	25		27
		없다	14	51		
		기타	6	22	커피숍(3), 실내 휴게실(5), 화장실(1)	

보통은 휴게공간이 전면에 있을 때 인지성이 높아 접근이 용이하기는 하지만 대부분의 사람들이 후면을 압도적으로 선호하였고 다음으로 측면을 선호하였다. 공간의 개방감이 너무 큰 것보다는 약간은 폐쇄된 듯한 아늑한 공간을 선호함을 알 수 있다.

인지성

① 휴게공간의 이용 유무
휴게공간의 사용 유무는 83%로 대부분이 건물에서 근무하는 직원들이고 이용한 적이 없는 나머지 17%는 일반 보행자임을 알 수 있다. 대부분은 공개공지를 많이 인지하고 이용하고 있음을 알 수 있다.

② (공개공지의 존재와 조성목적을 인식시킨 후) 앞으로의 이용계획 공개공지를 대부분 사용하겠다는 의견이 나와 공개공지의 많은 필요성을 다시 한 번 인식할 수 있다.

쾌적성

① 휴게공간에 대한 만족도
접근도에서 알 수 있듯이 휴게공간의 이용시간의 대부분이 20분 이하이므로, 아주 만족하거나 열악하다고 생각하는 사람은 별로 없었고 66%의 사람들이 보통이라고 응답해 주었다.

② 이용하지 않는 이유
관심이 없는 사람도 많았지만 주로 청결과 시설을 문제 삼는 사람이 많았다. 대부분의 공개공지가 흡연자들의 흡연장소가 주가 됨으로써 청결의 문제가 많이 제기되는 듯해 보였다.

③ 부족한 휴게시설로는 자판기나 쓰레기통, 벤치 등의 시설이 부족하다는 응답이 나왔다.
우리가 그곳을 조사하였을 때에도 앉아있는 사람은 별로 보이지 않았다.

사용 패턴

① 주로 사용하는 시간은 점심때를 중심으로 종종 이용한다는 응답이 나왔고 아침시간에는 거의 이용하지 않는 것으로 보인다.
② 주로 사내 직원들은 동료들과 이 장소를 이용하고 있었다.
③ 의외로 비나 눈이 올 시에 공개공지가 아닌 휴게공간이 없다고 말한 사람이 51%가 되었다. 실외가 아닌 실내의 사내 휴게공간이 부족함을 알 수 있었다.

본론에서 조사한 현장조사와 설문조사를 바탕으로 도심 속 휴게공간의 개선 방안에 대하여 결론을 내린다.

1. 흡연공간으로만 이용되는 외부 휴게시설의 이미지를 바꿔야 한다.

– 외부공간도 충분히 공간을 따로 나누지 않더라도 흡연zone과 비흡연zone으로 나눌 수 있다고 생각한다. 이 점이 개선된다면 여성들의 이용률도 높아질 것으로 본다.

2. 궂은 날씨에도 이용할 수 있는 공간이 필요하다.

– 대체로 비가 오거나 하면 휴게공간의 부재현상이 생겨난다. 외부의 휴게공간과 연계된 내부의 휴게시설도 필요하다고 생각한다.

3. 사용자를 위한 휴게시설이 부족하다.

– 설문조사 시 대체로 많은 사람들이 시설의 부족을 들었다. 실제로 현장조사 시에도 벤치시설이 부족했고 휴지통 또한 부족한 곳이 많았다.
– 많이 놓여있던 돌로 된 장식 겸 의자는 추운 날씨로 인해 거의 이용되고 있지 않았고, 휴게공간은 있지만 휴게시설이 부족하다는 의견이

많았다. 조사하지 않은 건물 이외에도 법적으로 형식상으로 만들어 놓은 공간들도 많아 보였으며, 그러한 곳은 이용도도 떨어지며 dead space의 형태를 띠는 곳도 많았다.

4. 공개공지와 같이 공공에게 할애하는 휴게공간도 필요하지만 사내직원들을 위한 공간도 필요하다.

– 일부건물들은 선큰과 지상에 각각 휴게공간을 두어 차별화를 하려고 했으나 잘 이뤄지지 않고 있다. 사내직원이 머무르는 시간, 머무를 때의 복장(얇은 실내복)과 외부인이 이용하는 시간, 머무를 때의 복장(두툼한 외투)은 크게 차이가 있다. 또한 머무르며 대화를 나누는 소재 또한 차이가 크다. 이런 것들을 고려할 때 사내직원과 외부인이 함께 머무는 휴게공간도 필요하지만 그들을 분류시킬 수 있는 공간도 필요하다.

5. 조금 더 적극적인 휴게시설에 대한 계획이 필요하다.

– 겨우 내어놓은 듯한 좁은 공간, 공개공지를 내어 놓는다는 것이 건물주의 입장에서는 큰 부담이 될지도 모르지만 휴게시설의 사용자를 위해 좀 더 적극적인 조치가 필요하다. 법규 규정만을 지키기 위한 공개공지의 좁은 공간은 쉴 수 있는 공간이 되기엔 부족하다. LG타워 내부의 휴게공간 (사실 이곳은 LG아트센터 이용자들을 위한 공간이지만 대부분의 공연은 저녁시간이기 때문에 낮 시간에는 직장인들이 대부분 이용한다)을 이용하는 사람들의 모습을 보면 작은 커피숍에서 따뜻한 차를 마시면서 삼삼오오 의자에 모여 앉거나 높은 테이블 앞에 마주서서 즐겁게 오래 담화를 나누는 모습을 볼 수 있다. 좀 더 적극적인 시설을 설치해 준다면 외부의 공개 공지에서도 흡연장소 이상의 좋은 공간의 역할을 해 낼 수 있을 것이다.

탑골공원과 종묘공원의 노인행태 비교

_공종필
_서형준
_오승진
_장은영

1. 노인과 노인문제

UN에서 정한 노동능력 기준으로는 65세를 정년퇴직으로 규정하지만 한국의 경우 교직자 외 대부분 직장은 55세 전후를 정년퇴직으로 정하므로 50대 후반부터 60대 초반 연령층의 많은 사람이 사회적 역할 상실과 동료와의 사회접촉을 상실한 "사회적 노화(social aging)"의 단계에 직면한다. 브린이 정의한 노인의 개념에 따르면, 노인은

① 생리적 · 생물학적인 면에서 쇠퇴기에 있는 사람.

② 심리적인 면에서 정신기능과 성격이 변화하고 있는 사람.

③ 사회적인 면에서 지위와 역할을 상실해 가고 있는 사람.

등으로 말하고 있어, 노인의 개념에 생리적, 심리적, 사회적인 노화의 개념들을 포함해야 한다고 말하고 있다. 이런 노인의 개념 자체가 복합적인 면이 있는 것과 같이, 노인문제 역시 그 형태가 다양하고 시대와 장소에 따라, 사람에 따라서도 다르게 정의될 수 있고, 어떤 특정한 현상을 가리키는 다른 사회 문제와는 달리 복합적인 형태로 나타나기 때문에 하나의 합의적인 정의를 내리기는 어렵다. 특히 우리나라는 1999년부터 노령화 사회로 접어들게 되었고, 세계에서 가장 노령화 속도가 빠른 국가로 손꼽히고 있어서, 불과 21년 후에는 본격적인 노령 사회가 시작되리라고 점쳐지고 있다. 이는

서구사회가 노령화사회에서 노령사회로 진입하는데 100~150년이 걸렸고, 가장 빨랐던 일본의 경우에도 24년이 걸렸던 것에 비해 역사상 유례가 없는 노령화 속도이다.

특히 우리나라의 노인들은 대부분 다음의 네 가지 어려움을 겪고 있다.

① 소득감소로 인한 경제적인 어려움

② 심신의 장애로 인한 건강보호문제

③ 역할 상실에 따른 여가활동 문제

④ 사회 심리적 고립과 소외문제

2. 노인의 특성에 따른 행태

노인들은 선호도의 변화, 사회, 경제생활에서의 제한된 역할, 약화된 육체적 능력과 이동성, 수입 감소 및 배우자를 돌보아야 하는 의무 등으로 공간활동의 범위와 지속시간에서 제한을 받는다. 우선 정기적인 공간이동(외출)이 감소되는데, 예를 들어 우리나라 1990년 60세 이상 고령자 중 통근자는 4.6%에 불과하고, 그나마 지방에서는 그 비율이 1.1%, 서울에서는 7.5%에 지나지 않았다. (설문조사 결과) 매일 외출하는 사람은 31%에 지나지 않았고 일주일에 1~2번 외출하는 사람이 34%였다. 노인들은 통행횟수뿐만 아니라 통행거리, 교통수단에 있어서도 청·장년층과 확연히 다른 패턴을 보여준다. 1990년 고령 통근자의 이용교통수단 조사결과에 의하면, 30.5%가 도보, 29%가 시내버스, 승용차 14.1% 순이었다. 도시에서는 시내버스(30.6%), 도보(28.5%), 승용차(15.0%) 순이며, 군부(지방)에서는 도보(46.8%), 시내버스(16.2%), 자전거(8.5%) 순이었다. 〈통계청,1993〉

노인들의 경우 1회 외출 시 이동거리가 젊은 층보다 짧고 자가용 소유 율이 낮으며 대중교통 수단에의 의존도가 높다. 특히 여자노인들의 경우 버스의 이용률이 대단히 높다. 설문조사 결과에 의하면 외출의 41%가 동네에서 이루어졌고, 50%가 버스와 전철을 이용했다. 운전을 할 수 있는 사람은 20%였는데 그 중 60% 이상이 70세 정도까지 운전을 할 수 있다고 응답했다.

노년층의 삶의 질은 물질자원의 구사뿐만 아니라 신체적 능력과 사회적 고립에 관련되어 있다. 이러한 사실은 설문조사에서도 확실히 나타나는데, 과거와 현재의 활동범위가 달라진 원인에 대해 묻는 질문에 신체적 변화 40%, 교통시설 이용면의 변화 23%, 사회적 지위의 변화 15%, 경제적 변화 11%로 응답하고 있다. 이는 노인이 겪는 4가지 어려움을 말해주고 있는 셈이다.

물론 노년층은 동질적이지 않으며 다양한 삶을 누리고 있고 나이가 들어가면서 또한 환경과 장소에 대한 인식과 애착 등도 달라진다. 그러나 아직까지 노인들의 행태에 대한 지식은 많은 부분이 교통연구 분야 – 쇼핑, 사교, 의료를 위한 이동패턴 연구 – 에서 얻어진 제한된 자료에 의존되어 있고, 따라서 개별적 특성을 무시한 평균적 행동에 관한 것이 대부분이다.

서울 도심부의 종로에는 이런 노인 분들이 많이 모이는 장소가 몇 군데가 있다. 대표적인 곳이 탑골공원과 종묘공원인데, 노인들의 행태를 조사하기 위해 탑골공원과 종묘공원을 선정하였다. 두 공원 모두 노인들이 즐겨 찾는 공원으로서 외부공간에서 노인들의 행태를 관찰하기 용이하고, 가까이 위치한 두 공원에서 일어나는 노인들의 행태 성격이 서로 다르기 때문에 비교분석하기에 적당하다고 여겨진다. 노인들의 행태에 공간이 어떤 영향을 끼치고 있고, 현 상태에서의 공간적인 문제점을 도출해낸 다음에, 그에 걸맞은 몇 가지의 제안을 해보고자 한다.

≫ 탑골공원

(1) 현황

공원 내 노인 수의 시간대별 변화 (단위 : 명)

시간	이용자 수
10:00	45
10:30	72
11:00	95
11:30	97
12:00	103
12:30	105

탑골공원은 서울 중심부에 위치한 문화재를 보유한 공원으로서, 공원 자체가 보존의 대상이 되기도 하기 때문에, 공원 관리 측면에서는 예전에 설치되어 있었던 나무 벤치들을 철거하였다. 그 후에 이용객들의 편의를 고려하지 않는다는 의견과 외국인 관광객 유치와 문화재 보호의 가치를 주장하며 노인과 노숙자들의 전유공간이 되어서는 안 된다는 의견이 맞물렸으나, 지금까지 의자를 배치하지 않는 정책을 고수하고 있다. 현재 탑골공원은 하루 이용시민이 2,000여 명으로 그 중 노인의 비율이 95% 이상이다. 이렇게 노인들이 몰리는 이유는 무료입장이고, 지하철 1, 3, 5호선이 만나는 종로3가역과 가까워 교통이 편리하며, 시민단체 등에서 무료 급식을 제공하는 등의 편의요소가 있기 때문이다.

① 공원이용 노인 수

탑골공원을 이용하는 노인의 수는 오전 9시 30분부터 급격히 증가하기 시작하여 12시에는 100명을 넘어서고 이러한 수는 1시까지 큰 변동 없이 정체되는 형상을 보였다.

공원 내에 특히 노인이 밀집하는 곳은 A. 팔각정 앞, B. 손병희 동상 앞, 그리고 C. 화장실, 관리사무실 앞 나무 주변인데 팔각정 앞과 손병희 동상 앞은 주변에 건물그림자가 없어 햇빛이 잘 들기 때문에 많은 노인이 밀집하여 오락과 담소를 즐기는 공간이 되고 화장실, 관리사무실 앞 나무 주변은 부동산중개업자들이 많이 분포하고 있었다.

공원 내 노인 수의 시간대별 분포

AM 10:00

AM 10:30

AM 11:00

AM 11:30

PM 00:00

PM 00:30

(2) 인터뷰

▶ 일산, 60대, 혼자 서계시던 노인, 부동산 중개업무

① 탑골공원에 오시는 이유?

— 아침 시간에 며느리와 있기가 그래서.

② 일주일에 몇 번 오시는지? 오셔서는 얼마동안 계시는지?

— 매일(월~금)

– 1~2시간 정도 있음.

③ 점심식사는 어디서 해결하시는지?

– 회관에 가서 무료점심을 먹음.

④ 탑골공원에 어떤 시설들이 생겼으면 하시는지?

벤치가 더 있었으면.

▶ 서대문, 60대 후반, 무리지어 계시던 노인

① 탑골공원에 오시는 이유?

– 또래 노인들과 이야기 나누러.

노인들이 갈 곳이 없어서, 복지시설이 더 있었으면 좋겠다.

② 일주일에 몇 번 오시는지? 오셔서 얼마 동안 계시는지?

– 매일, 3~4시간 정도, 탑골공원을 다닌지 2~3년 됨.

③ 점심식사는 어디서 해결하시는지?

– 무료식사 이용 안함.

④ 탑골공원에 어떤 시설들이 생겼으면 하시는지?

화장실은 크고 깨끗해서 불편한 점이 없다.

벤치는 지금 이 정도 있는 것이 좋다. 더 많아지면 노숙자들이 오고 그래서 싫다.

자판기가 1~2대 정도 생겼으면 좋겠다.

▶ 탑골공원 상인과의 인터뷰 내용

① 어르신들이 주로 어느 때 많이 오시나요?

– 평일 오전 10시부터 오후2~3시(겨울철) / 오후4~5시(여름철)

– 그 이후에는 집에 가시거나 종묘공원으로 자리를 옮기심.

② 어르신들이 자주 오시는 이유가 무엇인가요?

– 무료급식(노인 회관에서 2000명 무료급식)

– 무료지하철(전철노선이 있는 경기도권 전체에서 오심)

(2) 개선방안

기본적으로 양쪽으로의 단차 없는 연결을 의도하고, 의자의 배치형태는 이용객들이 마주앉아서 Activity가 가능할 수 있는 작은 공간을 형성시켜준다. 그리고 인터뷰를 통해서 노인 분들이 선호하는 나무 재질로 의자를 마련한다. 의자 중간의 공간들에는 식재를 하여서 주변의 조경 맥락을 고려함과 동시에 식재밑의 차양의 기능을 하고 또한 휴먼스케일의 공간감을 제공하여서 노인 분들 그리고 관광객들에게 친근한 공간감을 제공한다.

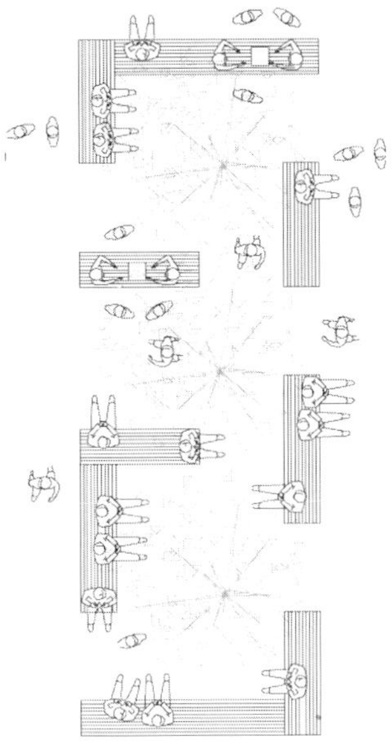

탑골공원의 영역별 노인행태

탑골공원을 방문하는 노인행태

_이상학
_조영광
_홍원기
_전준모
_박 원

1. 공원의 특성

탑골공원이 위치한 자리는 13세기말 고려 성종 때 원각사라는 절이 세워지고 그 절의 중앙에 원각탑이 건립되었으나 조선왕조 때 연산군의 불교 억압정책에 의해 절과 탑이 철거되었다가 19세기말 고종 때 대신들의 건의에 의해 본래의 자리에 원각탑을 복원하고 절이 있던 자리를 노인들의 공원으로 정하여 지금까지 공원으로 명맥을 잇고 있다. 19세기말에 공원이 조성될 때 원각탑의 중요성을 강조하여 공원 이름을 탑골공원이라 칭하였는바, 그 탑은 곧 어명에 의해 복원된 불탑이기에 자비와 불심의 상징이 되어왔으며 노인들이 수시로 소원을 비는 성스런 장소가 되어왔다. 1919년 3월1일에는 손병희 선생을 비록한 민족대표가 독립선언을 한 장소다. 공원면적은 총 5,900평이며 정문을 비롯한 6대문이 있고 공원 내에는 팔각정, 원각탑, 3.1운동 기념비가 있다. 최근에는 사적 351호로 지정되어 독립유공자 자녀, 보훈대상자 가족, 재향군인단체, 노인단체들이 민감한 정치문제가 발생할 때마다 국민들에게 애국심을 호소하는 시가행진, 성토대회 등을 하는 장소로 이용되고 있는 실정이다. 즉, 탑골공원은 불교사상과 한민족의 자존심이 혼합된 민족정서의 중심지이며 노인들이 자부심과 애착심을 가지고 왕래하는 노인특유의 문화공간이라고 하겠다.

2. 조사방법

본 조사에서는 탑골공원 주변의 각종 이벤트, 공원을 이용하는 노인의 수, 노인의 활동, 노인을 위한 봉사활동 등의 영역과 규모를 조사하였는바, 팀원 5명이 04년 11월 13일부터 04년 12월 8일까지 약 1개월 동안 공원이용이 평소보다 왕성할 것으로 예상되는 토요일에 한하여 총 3회 방문하여 조사하였다. 이용노인의 수와 노인의 활동, 그리고 이용노인을 위한 사회적 지원 등 조사항목을 낮 최고 기온이 5° 이상인 맑은 날을 택하여 3회를 관찰하여 분석하였는바, 조사방법을 다음과 같이 세부적으로 소개하고자 한다.

탑골공원의 중심과 그곳에 모여 있는 노인들

≫ **노인수 측정**

본 조사에서 공원방문 노인의 수는 다음 3단계로 나누어 측정하였다.

① 우선 매 시간대별로 공원 방문자 총인원수를 측정하고,

② 3시간마다 공원의 5개 편익시설물(대형 벤치, 팔각정, 탑, 산책로, 관리사무소 등) 주변에서 100명의 방문자를 무작위로 선정하여 60세 이상 노인인지의 여부를 판별한 뒤,

③ 표본 조사를 근거로 공원방문자중 만 60세 이상 노인 비율을 계산하였다. 따라서 본 조사에서 연령을 불문한 총방문자 수는 매 시간마다 직접 육안으로 세어 측정된 실측값이고, 방문자중 노인의 비율은 3시간마다 표본 조사된 100명 중 노인 비율에 의해 추산된 결과다. 표본조사자중 노인 여부를 가리는 과정을 소개하면, 우선 후술되는 육안 판별 기준에 따라 노인임을 충분히 식별할 수 있는 사람은 노인으로 즉시 분류하고, 육안으로 식별이 모호한 경우에는 조사 취지를 잘 설명한 뒤 출생년도만을 질문하여 조사년도와 출생년도 차이가 60이상인 사람을 노인으로 계산하였다. 공원 방문자 및 노인 수를 측정할 때 대부분 사람들은 심한 이동을 하지 않고 바둑, 장기, 담소 등의 정적인 행동을 하였으나 극히 일부분 경우 공원 내 여러 곳을 뛰어다니며 술주정, 고함지르는 행위 등을 하는 사람들이 발견되었는바 이러한 경우는 중복 계산될 수 있으므로 조사에서 제외하였다. 따라서 본 연구에서 조사된 사람들은 비교적 한 장소에 서 있거나 앉아 있는 경우이며 특이하게 활동성이 강한 극소수는 제외되었다.

≫ **노인활동의 관찰**

탑골공원을 이용하는 노인들은 수시로 소규모 그룹을 형성하여 담소를 나누다가 곧 흩어져 다른 그룹과 합세하여 노래자랑을 하는 등 각 집단의 형성이 매우 유동적이고 즉흥적인 특성이 있었다. 따라서 본 조사에서 기술되

는 집단활동(group activity)의 일부분은 고정적으로 하루 종일 집착하는 성향이 아니라 30분 이상 관찰된 행위(예: 담소, 화투, 노래자랑 등)로 해석되어야 할 것이다.

3. 측정도구

≫ 노인의 판별기준

본 조사에서 "노인"은 외관에 의해 주로 판단하는 방법을 택했으며 육안식별로 연령 추정이 모호한 소수 경우에 한해 설문조사 취지를 설명하고 출생년도만을 질문하였다. 참고자료로 육안식별 가능한 노인의 신체특성으로 보고된 여러 가지 특성 중 본 조사에서 ① 등이 15도 각도 이상 굽은 경우(curvature), ② 얼굴전체에 주름살이 생긴 경우(skin wrinkle), ③ 모발의 대부분이 희게 변색한 경우(hair discoloring), ④ 얼굴전체에 검은 색 반점이 발생한 경우(aging spot)등 육안관찰로 판별이 가능한 4개 항목을 "노인표본"의 육안 판정기준으로 정하였으며, 위의 4개 항목 중 2가지 이상의 조건을 갖춘 표본을 노인으로 정의하였다.

≫ 사회활동 및 이벤트

공원 방문자중 95% 이상은 항상 60세 이상 노인임이 쉽게 육안으로도 식별되었기에 앞으로 기술되는 모든 활동 등은 노인에 의해 이루어지는 것임으로 단정적인 정의를 내리고자 한다. 사회활동 및 이벤트란 탑골공원의 정문 앞, 공원내부, 그리고 공원경계선으로부터 100m 이내 근접거리에서 10명 이상의 노인들에 의해 1시간 이상 지속된 사회활동과 각종 행사를 영역별로 내용을 분석하였는바 다음 조건 중 두 가지 이상을 충족시킨 것을 연구대상으로 정했다. ① 행사용 대형 현수막(3m길이 이상)을 걸을 경우, ② 확성기를 사용하여 방송할 경우, ③ 구호가 적힌 대형 리본을 몸에 두른 사람들이 전단을 배포할 경우, ④ 100명 이상의 많은 사람들이 군집하여 반복

된 구호를 외칠 경우

≫ 노인 활동

본 조사에서 노인의 활동이란 ① 공원내부, ② 정문 앞 공터, ③ 후문 및 측문 앞 공터, 그리고 ④ 공원외부일 경우 울타리에 접한 지점에서 위에 지칭한 사회활동 및 이벤트의 조건을 충족시키지 않는 것으로서 노인에 의해 행해지는 제반활동(예 : 토정비결, 구두수선 등)을 지칭하여 조사대상으로 정했다.

≫ 사회적 지원

본 조사에서 사회적 지원이란 탑골공원을 방문하는 노인들을 위해 공원내부, 정문, 외곽에서 제공되는 자원봉사, 물질제공, 각종 서비스의 종류와 규모를 지칭한다.

3. 결과 및 고찰

≫ 공원이용 노인 수

탑골공원을 이용하는 노인의 수를 3회 측정하여 평균값을 정리한 결과는 다음 표와 같다. 동절기에 탑골공원을 이용하는 노인의 수는 오전 10시부터 급격히 증가하기 시작하여 12시에는 1,200명을 넘어서고, 이러한 많은 수는 오후 3시까지 큰 변동 없이 정체되는 형상을 보이다가 오후 3시 이후 급격히 감소하여 오후 4시 이후부터는 300명 이하로 감소한다. 즉, 탑골공원을 이용하는 노인의 수는 점진적인 증가, 감소보다는 정오를 중심으로 급격한 증가와 정체, 그리고 3시를 중심으로 한 급격한 감소의 유형을 보인다고 하겠다. 공원 내에 특히 노인이 밀집하는 곳은 ① 팔각정 앞, ② 손병희 동상 앞, 그리고 ③ 매점 앞 등나무 밑인데 팔각정 앞과 손병희 동상 앞은 주변에 건물 그림자가 없어 햇빛이 잘 들기 때문에 많은 노인이 모이고, 인접한 관리

공원내 노인들의 시간대별 변화 (단위 : 명)

시 간	전 체	평균값	
		남	여
09 : 00	34 ± 7	30 + 6	4 + 1
10 : 00	92 + 21	89 + 6	3 + 1
11 : 00	202 + 48	194 + 42	8 + 2
12 : 00	498 + 87	490 + 96	8 + 2
13 : 00	1267 + 102	1228 + 104	39 + 8
14 : 00	1328 + 218	1286 + 199	42 + 12
15 : 00	1385 + 186	1326 + 123	59 + 16
16 : 00	1273 + 284	1211 + 289	62 + 21
17 : 00	842 + 186	802 + 183	40 + 17
18 : 00	328 + 79	303 + 82	24 + 3

사무실에서 장기, 바둑판을 빌려 내기 장기와 바둑을 두는 노인들과 이것을 구경하는 노인들이 밀집하고 또한 매점에서 사발면 등 인스턴트 간식을 쉽게 구할 수 있어서인 것으로 추정된다. 노인의 수가 특히 적은 곳은 후문과 동문 앞 광장인데 공원 주변 건물의 그림자로 인해 햇빛이 가려져 춥고 인근에 종로구 재활용센터와 폐기물 저장소가 있어 악취와 소음이 많기 때문인 것으로 추정된다. 공원이용 노인수의 또 다른 특징의 하나는 모든 시간대에 걸쳐 여자노인의 수가 전체의 5% 미만으로 극히 적다는 점이다.

≫ 노인의 활동 및 사회적 지원

공원 주변과 내부에서 일어나는 노인의 활동은 정적인 여가활동, 동적인 여가활동, 경제활동, 그리고 공원 주변 행인에게 도움을 호소하는 의존적 활동 등 4개 영역의 활동이 관찰되었다. 정적인 여가활동 중 관찰횟수 3회에 걸쳐 항상 관찰된 활동은 내기장기 및 바둑, 코미디언 출신 노인의 토크쇼, 약속장소에서의 기다림과 만남, 담소 및 다과회, 비둘기 먹이주기, 어린이들에게 공원의 유래와 3.1 운동 정신을 설명하는 활동, 간식, 침묵 및 명상 등이었다. 내기장기 및 바둑은 공원 매점 앞 등나무 숲 벤치에서 이루어지는데, 매 게임당 50명 이상의 다수 노인이 군집하여 구경을 하며 장기와 바둑을 두는 사람의 승부에 대해 간식(빵, 과자, 컵라면 등)으로 내기를 하는 여가활동을 즐긴다. 코미디언 출신 노인의 토크쇼는 과거 TV나 라디오에 출연하던 노인이 공원 양지바른 곳에서 재담을 시작하면 수십 명의 노인들이 모여들어 화답, 대소하는 즉흥적인 오락활동 방식으로 진행한다.

약속장소에서의 기다림은 공원 내 관리사무소 앞 공터에 노인들이 최고 100명 이상 군집하여 평소 공원에서 자주 만나 담소하던 노인들이 나타날 때까지 오랫동안 기다리며 담소하는 활동을 말한다. 기다리며 담소하는 노인들과 면담해본 결과에 의하면, 특정 개인과 시간을 약속한 기다림보다는 항상 만나던 노인이 예측한 시간에 나타나기를 기대하며 소일하는 경향이 크기에, 이러한 "기다림"은 친분 있는 동료 노인들이 나타나 군집을 형성할 때를 기다리는 이른바 사회적 모임(social gathering)의 성격이 강한 것으로 추정된다.

노인들의 행태

3.1 운동 기념비 앞에서는 이곳을 견학하는 어린이들에게 노인들이 3.1운동의 유래와 일제 식민지정치 하에서 한국인이 겪은 어려움에 대한 경험담을 들려주는 독특한 활동이 매번 관찰되어 노인 여가활동의 긍정적인 면을 보여준다. 기념비 주변의 벽화를 사진 촬영하다 벽화내용에 의문을 갖는 어린이들에게 일본 식민지 시대를 경험한 노인들이 벽화내용을 상세히 설명해준 뒤 어린이들과 함께 사진촬영을 하며 친교를 나누는 사례가 다수 관찰된 것으로 보아, 탑골공원이 노인들의 여가활동에 의해 청소년 역사교육에 매우 긍정적인 영향을 미치는 것이 확인되었다.

항상 관찰된 동적인 여가활동에는 배드민턴, 즉석 장기자랑, 그리고 음주를 동반한 춤이었다. 배드민턴은 팔각정 앞뒤에서 10명 내외의 남녀 노인들이 활력적으로 즐기고 있으며 즉석 장기자랑은 팔각정 동쪽 모퉁이 계단 주변에서 이루어지는데 물구나무서기, 재주넘기, 팔씨름 등 특별히 정해진 계획 없이 원하는 노인들이 자발적으로 차례로 나와 여러 가지 묘기를 보이며 여흥을 돋우는 활동인 것으로 관찰된다. 항상 관찰되는 노인의 경제활동에는 구두수선, 토정비결 및 사주관상, 야외이발, 신경통약 판매, 은행나무열매구이 판매가 있는데 정문 앞 공터 주변을 중심으로 노인들이 좌판에 앉아 행인과 공원방문 노인들을 대상으로 영업활동을 하는 것이 관찰된다.

1~2회에 걸쳐 간헐적으로 관찰된 노인의 여가선용 활동에는 공무원 출신 노인 중심의 시국연설 및 좌담, 국악연주, 원맨쇼, 퀴즈게임, 젊은이와의 대화, 풍선배구, 윷놀이, 제기차기, 막걸리파티 등이 관찰되었고 경제활동으로는 수집품 사고팔기, 씨앗판매, 간식가두판매 등이 관찰된다. 이밖에도 노인들의 의존적인 행동, 그리고 노인들을 대상으로 한 부도덕한 행위 등이 관찰되었다. 공원 내 젊은 방문객에게 구걸을 하는 노인, 치매나 정신질환이 의심되며 지나는 행인에게 고함을 치는 노인, 술주정을 하는 노인, 싸움을 하는 노인들이 매 관찰 시에 5~10명 정도 관찰되었다. 특히 노인을 대상으로 매춘을 유혹하는 중년여성의 접근, 불법약품(정력제, 건강식품 등) 외판원의

접근이 빈번히 관찰되어 탑골공원의 여가공간으로서의 부정적인 이미지를 보여주고 있다.

탑골공원은 노인들이 선호하는 공원이라는 사회적 인식이 정착되고 있음을 시사하는 사회적 지원활동이 여러 종류 관찰되었다. 항상 관찰된 사회적 지원은 공원관리 사무소에서 운영하는 노인여가기구(바둑, 장기 등)의 무상대여, 사회단체와 종교단체에서 운영하는 무료급식소, 그리고 사회단체에서 운영하는 소규모 노인휴게실(컨테이너)이며 그밖에도 청소년 자원봉사자들의 레크리에이션(건강체조, 춤 등)지도, 종교단체의 선교활동 및 성경책 무료 배부, 사회단체의 간식제공(컵라면, 과자)과 한글 무료강좌가 있다.

관리사무소의 여가기구 대여에 청소년들이나 각종 사회, 종교단체 등에서 노인을 대상으로 하는 복지서비스 지원활동이 주기적으로 진행되고 있음을 볼 때 탑골공원은 노인대상 사회적 지원이 보다 광범위하고 집중적으로 이루어질 가능이 높은 것으로 고찰된다.

4. 논의

공원은 누구나 자유로이 출입하며 오락이나 여가활동을 즐길 수 있는 전형적인 여가공간이다.

게다가 개인적인 여가공간이기보다는 집단사회활동이 활발한 대중적 여가공간의 성격이 강하다고 볼 수 있다.

그러나 공원을 이용하는 노인의 수와 성별은 균일한 분포를 보이지 않고 정오를 중심으로 급격한 증가와 정체, 그리고 3시를 중심으로 한 급격한 감소의 유형을 보이고 있으며, 특정한 지점의 군중밀집 그리고 방문노인의 대부분이 남자에 편중되어 있었다. 특히 신체기능이 취약한 노인들이 밀집하는 공원임에도 불구하고 주변 건물의 그림자로 인해 햇빛이 가려져 춥고 인근에 지하주차장까지 있어 소음이 많은 것 등의 공원으로서의 문제점이 대두되고 있다.

이번에 노인행동 패턴에 대해서 조사하면서 공원이 보다 많은 노인이 유익한 여가를 즐기는 공간이 되기 위한 방안을 살펴보았다.

첫째, 하루 노인 이용률이 매우 높은 공원으로서 노인들에 대한 사회적 지원은 봉사단체에 의한 무료급식과 레크리에이션 지도에만 국한되어 있는 실정이다. 하지만 만성질환으로 일상생활의 불편을 겪고 있는 실정을 고려할 때 어려움을 느끼는 노인들을 위해서 정기적으로 의료진을 파견하여 건강검진을 실시하는 등 의료 서비스가 이루어지도록 정책적인 배려가 이루어져야 할 것이다.

둘째, 정오 무렵에 노인이 일시에 밀집하는 곳으로 노인들이 즐기는 다양한 여가활동의 내용을 확대하여 보다 활성화되어야 할 것이다.

셋째, 공원을 찾는 노인들이 일부시간대에 집중되는 것을 막아, 보다 많은 노인들이 시간대에 걸쳐 균등하게 유입되게 하고 특히 여성노인들의 이용을 권장하기 위한 동기조성이 필요하다. 주로 점심때 제공되는 봉사단체의 무료식사를 해소하기 위해서 그 외 시간대를 이용한 간식과 다과 제공의 대안이 될 수 있으며, 여성노인을 위한 지원프로그램을 개발하여 공원 참여를 유도하는 것 또한 대안이 될 수 있을 것이다.

넷째, 사회적 지원이 놀이기구(장기, 바둑), 무료급식, 노인휴게실 제공단지 등 작은 의미로서 시간을 보낼 수 있는 것에 한정되어 있다고 생각된다. 보다 전문적이고 광범위한 지원망 확충이 요구된다. 고령자취업알선센터나 혹은 인근 관공서 등에 개설하여 저소득층 노인의 생계비 지원을 도모하는 지원체계가 필요하며 노인상담소, 노인대학, 노인종합복지관 등 사회적 지원망을 공원 부근에 개설하여 공원을 중심으로 한 인근지역이 명실상부한 노인복지타운으로 성장하도록 정책적인 지원이 필요함을 제안한다.

다섯째, 공원 내 여가활동 이외에도 노인을 대상으로 하여 호객행위가 관찰되고 있어 노인들이 보다 안전하고 자유롭게 공원을 이용할 수 있도록 공원에 사회복지전문요원이나 가정봉사원 등 복지관련 전문요원을 주기적으로 파견하여 노인들을 보호하는 제도적 보안이 이루어질 것을 제안한다.

코엑스 벤치의 Setting System

_김현광
_김민재
_고강남
_서민선
_김애라

COEX의 선큰엔 사람들이 휴식할 수 있는 벤치가 있다. 하지만 어떠한 이유에서인지 이 벤치는 활용되지 않는다. 이곳에서 벤치의 Setting System은 다음과 같게 되어 있다.

이곳의 벤치는 동선의 밀도가 높은 곳에 위치하고 있으며, 이로 인해 휴식에 적합한 영역성을 갖추고 있지 못하는 것이라 생각하였다.

즉 세팅시스템은 영역성과 밀도와 밀접한 관련이 있으며 영역성에 맞도록 세팅시스템을 구성하거나 영역성을 확보하여 구성해야 한다는 것이다.

휴식을 할 수 있는 Setting System이 갖춰져 있지 않지만 영역성이 확보되어 있는 곳이 있다. 이곳에선 반대로 사람들이 많이 모여 쉬고 있었으며, 벤치보다 타인을 기다리며 관찰하기에 용이하고 타인과의 공유면적이 작아 오히려 이곳에서 의도하지 않은 Behavior가 나타나고 있었다.

Wayfinding의 Setting System

동선부분에서의 세팅시스템은 다음 그림과 같다. 그림④에서 보면 동선들이 서로 겹치지 않게 우측통행하도록 되어 있다. 이러한 세팅시스템은 최단거리에 의한 것으로 의도한 세팅시스템이 어느 정도 나타나지만 일부 이 동선들이 충돌할 경우 급격히 열주 안으로 들어가 좌측통행을 하는 부자연스런

동선이 나타났다 (그림 ④에서 적색으로 표시된 부분) 이는 우리나라 사람이 받아온 좌측통행이라는 생활양식이 인지적 차원에서 반사적으로 나타난 것으로, 이 두 가지의 동선의 충돌이 선큰 부분에서는 큰 문제로 나타났다.

벤치가 활용되지 않는 사진 ①

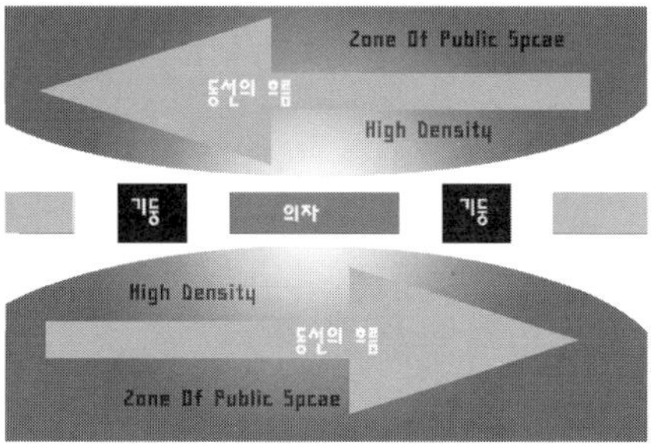

영역성 및 밀도 도시화 ②

반대편의 돌담에서 휴식되는 상황 ③

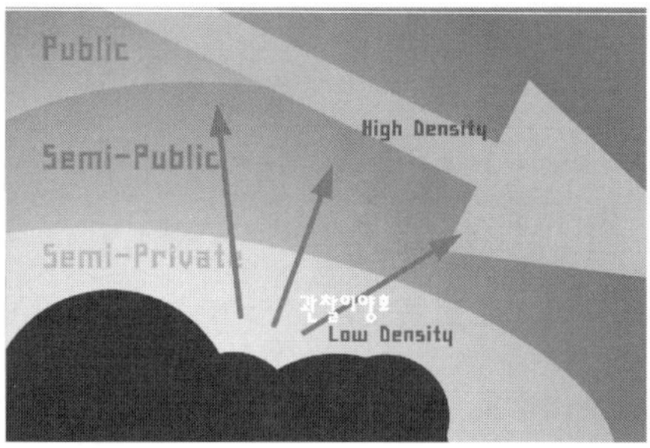

존 및 밀도도시화 ④

보행체계 충돌 ⑤

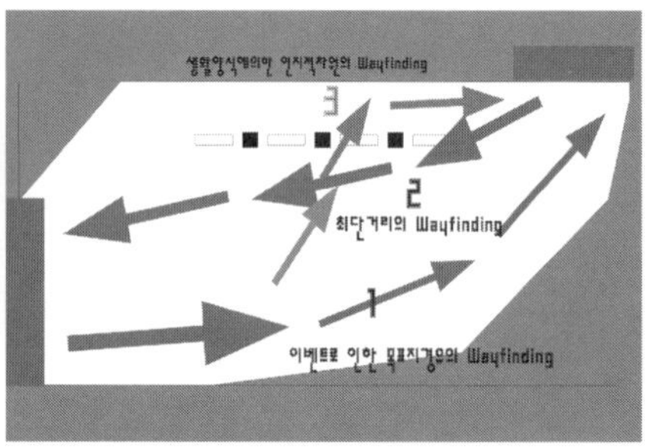

보행체계의 도시화 ⑥

동선에서의 세팅시스템은 생활양식이 어느 정도 작용되어지는 것으로 생각할 수 있었다. 또한 선큰에서의 이벤트를 만든 것은 동선의 문제와도 관련된다.

코엑스에서 나오는 사람은 일반적으로 1회성 성격의 이벤트를 본 사람들이 대부분이다. 반면에 지하철에서 진입해오는 사람은 이것을 보지 못한 사람들이 대부분이므로 이곳은 목표지 경유의 Wayfindig의 모습을 또한 보이게 된다.

3. 시설물의 Setting System

시설물의 세팅시스템에서는 자판기와 휴지통을 주목하게 되었다.

이곳의 자판기는 2개가 있다 하지만 두 개 중 하나만 활용되는 것을 볼 수 있었다.

한 곳은 오픈스페이스로 특별한 엑티비티가 없는 대부분의 날엔 활용되지 않는 것을 알 수 있으며, 다른 하나는 지상에서 이곳으로 진입하는 Main Access상에 위치한 것으로 사용자들은 이곳의 자판기를 더 많이 이용하는 것으로 보였다.

자판기의 세팅시스템은 사람들의 Activity, 혹은 동선의 위치와 밀접한 관련을 갖으며 개인적인 견해로 자판기의 위치는 Edge나 Node같은 곳에 위치하여 랜드마크나 이미지의 요소를 동시에 갖도록 하는 게 바람직한 방법이라고 생각했다.

휴지통은 매우 흥미로운 관찰 대상이었다.

휴지통의 Setting System은 매우 흥미 있는 결과가 도출되었는데 결과부터 말하자면, 사람들이 많은 곳엔 휴지통이 있었으며 사람들이 없는 곳엔 없었다는 것이다. 이게 무슨 말이냐면 코엑스에서 오픈스페이스는 선큰부분의 하나, 버스에서 진입되어지는 곳과 면한 곳에 보도와 연계된 오픈스페이스

하나 그리고 선큰의 상부 좌우에 하나씩 해서 전부 4곳이다. 그러나 Activity가 활발한 중앙부엔 유난히 많은 휴지통을 볼 수 있었으며 이는 어쩌면 당연하다고 생각될 것이다. 하지만 재미있는 건 휴지통으로 인해 Activity가 생겨난 다는 것이다.

자판기나 다른 시설물과 달리 휴지통에서는 흡연자들이 모여 담배를 피면서 잡담을 나누는 모습이 수차례 발견되었고 여타 자판기나 다른 시설물에선 보기 힘든 Activity가 쉽게 나타난다는 것이다. 즉 어떠한 프로그램이 들어서서 Activity를 내는 것이 아닌, 작은 물건하나로 Activity 일어난다는 것에 놀라지 않을 수 없었다. 이는 활용이 되지 않는 3번째 광장(휴식 할 수 없는 광장)에 Behavior를 만들어 낼 수 있을 것이라 생각된다.

Main Access상에 위치한 자판기

Activity 없는 오픈스페이스상의 자판기

사람들이 모이는 휴지통의 상황

휴식할 수 없는 스탠드형 광장

휴식할 수 없는 스탠드형 광장

활용되지 않은 2개의 광장을 잇는 거리

자판기는 사람들을 무의식적으로 이끌어 구매하도록 만들도록 하게한다. 그렇기 때문에 자판기의 위치는 Edge나 Node같은 곳에 위치하여 랜드마크나 이미지의 요소를 동시에 갖게끔 하는 게 바람직한 방법이라 생각했다.

4. 오픈스페이스의 Activity Setting System

오픈스페이스는 두 개가 활용이 되지 않는다. 두 개의 오픈스페이스는 활용이 활발한 선큰부에 4.5M 상부에 위치한다. 상부에 위치한 두 개는 너무 멀리 떨어져 있다. 그로 인해 3개의 오픈스페이스는 각각 서로 단절되어 연결되지 않게 되었으며, 그로 인해 이곳에 엑티비티가 일어나지 않는다. 또한 선큰부는 4면이 둘러싸여 영역성이 확보된 반면, 이곳은 어떠한 처리도 되지 않아 영역성 확보엔 선큰부보다 미흡하였다. 다시 말하면 버퍼존이 없이 바로 집입하게 되어서 Semi영역이 너무 커졌다고 할 수 있다. 이는 오픈스페이스가 어떠한 성격을 갖게 하기 어려운 것을 의미한다. 또한 선큰에는 많은 상가들이 면하여 다양한 액티비티들이 프로그램되어 있다. 그러나 윗부분엔 그러한 프로그램들이 어려운 상황으로 되어 있다.

즉 오픈스페이스는 세팅시스템에 있어 영역성 확보와 엑티비티라는 것이 중요하다는 것을 알게 되었다. 이것은 프로그램으로 구성하는데 중요한 요소인 것을 느꼈다.

5. 코엑스의 이미지에 관한 Setting System

사람들은 약속장소로 케이에프씨 앞에서 만나는 것이 주로 확인되었다. 이곳은 지하에서 나오는 사람들을 바로 확인할 수 있게 되었다는 것, 그리고 인지도가 높은 브랜드인 KFC앞이라는 두 가지의 세팅시스템으로 약속하고 만나는 곳으로 쓰이고 있었다.

여기서 우리는 디자이너의 의도인 랜드마크 – 즉 이벤트가 일어나는 선큰이 코엑스의 주된 이미지가 되지 못한다는 상황을 알 수 있게 되었다. 이곳은 동선의 밀도가 높고 지하에서 선큰으로 바로 나오는 부분이어서 영역성도 확보되지 않음에도 불구하고 꽤 많은 사람들이 모여 있었다.

6. 기타 Setting System

베니건스라는 페밀리 레스토랑 앞엔 벤치가 있다고 하지만 이곳에서 휴식할 수 있음에도 불구하고 대부분의 사람은 이곳에서 휴식을 하지 않고 있었다. 이곳이 세팅시스템은 1미터 가량 지상레벨에서 올린 후 원형으로 둘러쳐져서 아래의 선큰부분과는 다른 성격이라는 것임을 은연중에 알 수 있었다. 마치 이곳은 음식점의 영역이라는 것을 나타내는 것 같은 분위기를 갖고 있어 이곳에서 휴식을 취하는 사람은 이곳에서 대기하는 손님들 외엔 거의 찾기 힘들었다.

또한 코엑스로 들어오는 오픈스페이스 이전에는 휴식을 할 수 있는 벤치가 있지만 여기서 사람들이 휴식을 하지 않는 것으로 보였다. 여름 때와는 달리 계절적인 이유가 있었는데 겨울이 되면 활엽수의 잎이 떨어져 완충역으로서의 기능을 하지 못한다는 것이다. 이는 Semi영역이 커지는 것을 의미하는 말이기도 하다. 즉 계절에 따라 존의 크기가 달라지며, 이로 인해 시간에 의해 성격이 달라지는 곳이 되어 있었다.

코엑스 선큰 가든의 인간행태

_김정태
_김영호
_이정남
_한재필

1. 서론

코엑스는 복합시설로서 전시장, 공연장, 식당가 등 여러 가지 형태들의 상가들이 군집해 있다. 지하철과의 연계 및 여러 가지 장소적 특성으로 많은 사람들의 이용 및 왕래가 예상되는 지역이다. 이곳에 퍼져있는 사람들을 살펴보면서 기다리는 시간 동안의 행동양식, 선호하는 장소와 기피하는 장소 등 여러 가지 행태적인 특성들이 생긴다는 것을 알 수 있었으며, 우리는 위에서 나열한 요소들을 중심으로 코엑스 선큰 가든(Sunken Garden) 내에서 나타나는 사람들의 행태적인 특성으로 setting system을 수립하였다.

2. 장소에 따라 나타나는 인간행태

- 사람들이 많이 모이는 특정 장소로는 재떨이, 기둥, 벤치, 조형물 등이 있다.

재떨이 : 흡연자들의 일차적 선호 장소

열린 공간에 위치한 재떨이 – 대다수가 남자이고 20대부터 50대까지 모든 연령층이 재떨이 주위를 둘러싸고 있었다. 여성 흡연자의 경우 사방이 트인 공간이기 때문에 이용을 꺼려하고 있었다.

닫힌 공간에 위치한 재떨이 – 사람들의 시선을 차단해 준다는 특성 때문에 열린 공간에 위치한 재떨이와는 반대로 여성 흡연자가 대부분이었다.

기둥 – 적은 수의 사람들이 대기할 때 선호하는 장소

벤치 – 비흡연자들이 가장 선호하는 장소(KFC앞, 상가 쪽 통로)

3. 성별, 연령에 따라 나타나는 인간행태

남자들의 이동행태 : 대화 가능한 영역 내에서 오와 열을 무시한 불규칙한 이동형태를 보임.

열린 공간에 위치한 재떨이 주 이용대상은 남자

닫힌 공간에 위치한 재떨이 주 이용대상은 여자

기둥은 사람들이 기다림의 장소로 선호

기둥과 벤치, 개인과 단체의 사람들이 선호하는 장소의 차이

남자들의 이동행태 오와 열을 무시한 불규칙함

여자들의 이동행태 2~3명이 횡대를 이루어 규칙적으로 이동

여자들의 이동행태 : 2~3명이 횡대로 규칙적인 이동형태를 보임.
연령에 따른 이동행태 : 연령대가 높을수록 개인 혹은 2~3명이, 연령대가 낮을수록 무리를 지어 이동함.

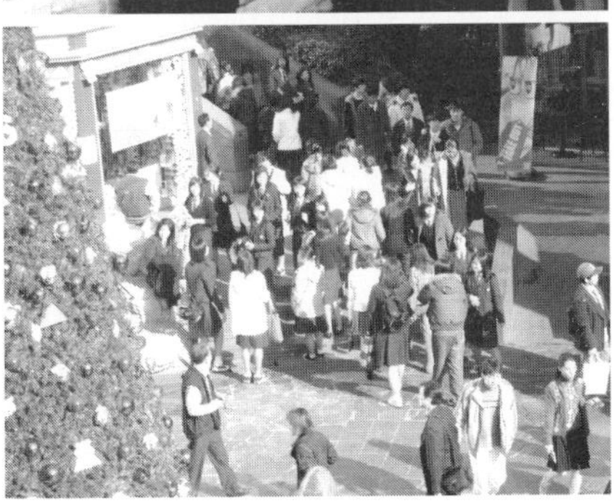

연령에 따른 이동행태 : 연령대가 낮을수록 무리를 이루어 이동함

4. 무의식적으로 표출되는 인간행태(좌측통행)

사람들의 수가 적을 때는 나타나지 않았지만, 지하철 도착시나 전시회가 끝나는 시간에 많은 사람들이 동시에 선큰가든으로 몰리게 될 때 중앙에 있는 대형 크리스마스트리를 중심으로 좌측통행 형태를 보인다.

5. 기피장소(avoid place)와 선호장소(favorite place)에 따른 인간행태

기피장소로는 다른 사람과의 영역이 겹치거나 시선이 집중되는 곳, 유입되는 사람들을 관찰하기 힘든 곳 등이 있었다.

크리스마스트리 : 중앙에 설치된 대형 크리스마스트리의 경우, 선큰 가든 내에 있는 모든 사람들의 시선이 집중되는 곳이어서, 사진촬영을 하는 사람들에게만 이용될 뿐 기다림의 장소로는 적합하지 않았다. 기차역 광장의 대형구조물의 경우 기다림의 장소로 많이 활용되곤 하지만, 선큰 가든 같은 한정된 공간 내에서의 대형 구조물은 그렇지 않았다.

패밀리 레스토랑 앞 벤치 : 베니건스 앞에는 데크와 나무벤치가 설치되어 있었지만, 의외로 사람들의 이용이 적었다. 인터뷰 결과 베니건스 입구에 위치하고 있어서, 식당의 영역이라는 생각과 측면에 설치된 대형광고판의 반복적인 상업광고가 사람들에게 거부감을 일으켰으며, 또한 역에서 나오는 사람들을 관찰하기 어렵다는 점 때문이었다.

선호장소로는 중앙에 위치한 크리스마스트리를 볼 수 있고, 타인으로부터 시선이 차단될 수 있게 뒤쪽이 막힌 곳과 벤치가 있는 부분이었다. 트리를 중심으로 재떨이가 있는 부분은 흡연자가 선호하는 장소였고, 비흡연자는 재떨이에서 어느 정도 거리를 두고 전광판, 조경, 지나가는 사람을 관찰하기 좋은 장소를 선호하고 있었다.

6. 영역성에 대한 인간행태

혼자서 기다리는 사람들은 다른 사람들과의 일정거리를 두어 자신만의 영역을 확보하려고 하였다. 타인과 일정거리를 두고 서 있다가, 사람들이 다가오면 다시 자기만의 영역을 확보하기 위해 약간의 이동을 하는 것을 볼 수 있었다.

7. 결론

코엑스 선큰 가든은 복합시설과 지하철의 출입구이자 만남의 장소이다. 많은 사람들의 왕래가 있어서, 다양한 인간행태를 발견할 수 있었다. 중앙에 위치한 대형 크리스마스트리는 무의식중에 사람들이 좌측통행을 하게 만드는 경계가 되었고, 영역성에 관한 행태는 다수보다는 혼자 서 있는 사람들에게 많이 나타났다. 사람들에 따라 선호장소와 기피장소의 차이가 있었으며, 흡연자들은 재떨이 주변의 쉴 곳을 선호하였고, 비흡연자는 유입하는 사람들을 쉽게 관찰할 수 있는 곳을 선호하였다. 기피장소로는 상업적 영역이나 좋지 않은 뷰가 있는 곳, 랜드마크적인 곳이 오히려 시선이 집중되기 때문에 기피장소가 되었다. 여성 흡연자들은 부정적인 시선 때문에 기피 장소가 된 것이다. 그래서 주위의 시선이 차단된 폐쇄된 장소에서 흡연을 하며 기다리는 것을 관찰할 수 있었다. 무리를 지어 이동하는 사람들 속에서도 성별에 따른 행태적 특성이 발견되었다. 남자들은 무질서하게 서로간의 대화가 가능한 거리만을 유지하면서 이동하였고, 여자들은 규칙적으로 2~3명이 짝을 지어 횡대로 이동하는 모습을 보였다. 남자는 친구들과 같이 걷고 있다는 사실만으로도 소속감을 느끼지만, 여자들은 바로 옆에 붙어 손을 잡고, 대화중에 서로 얼굴을 쳐다보아야만 친구라는 소속감을 가지게 된다는 것을 인터뷰를 통해 알 수 있었다. 사람들이 만남의 장소로 활용하는 공간에는 흡연자를 위한 별개의 공간이 필요하다고 본다. 넓은 곳에서는 흡연자로 인한 비흡연자들의 피해를 최소화할 수 있게 그런 공간들을 한쪽에 몰아서 배치하는 것이 좋을 듯하다. 코엑스 선큰 가든의 경우 재떨이가 군데군데 떨어져 배치되어 있어 비흡연자들에 대한 배려가 조금은 아쉬웠다. 기다림의 장소로서 사람들의 시선 처리를 위한 조경이나 시설물들이 필요했으며, 사람들의 동선에 방해만 되지 않는다면 크리스마스트리 같은 대형 조형물이 이러한 요구를 충족시켜 줄 수 있다고 본다.

사람들이 무의식적으로 좌측통행을 하고 있음

개인의 영역성 확보 · 혼자 있는 사람의 경우 다른 사람들과 일정 거리를 두고 있다.

대형구조물. 사람들의 시선으로 주위에 서 있으려 하지 않음

대형구조물. 사진을 찍는 장소로만 이용

베니건스 앞 벤치. 사람들의 이용이 거의 없음

대형광고판. 반복적이고 상업적인 광고로 거부감을 준다.

5 특정장소에서의 인간행태

+ 커피전문점에서의 인간행태조사
+ TAKE OUT 커피전문점에서의 인간행태
+ 대형 서점에서의 인간행태
+ 찜질방에서의 인간행태

커피전문점에서의 인간행태조사

_김준희
_박민경

건축환경이 우리 생활에 중요한 역할을 할 수 있다. 사람들이 건축환경을 만들지만, 건축환경은 사람들의 행동에 큰 영향을 준다. 우리 가정, 교실, 상점, 일터 등 우리가 많은 시간을 보내는 장면들 모두는 건축환경의 일부분들인 것이다. 사람과 길들여지지 않은 세상인 자연 사이에 있는 인공환경이 행동에 미치는 영향은 아주 중요하다. 모든 장소가 똑같이 중요하다고는 볼 수 없으나, 우리가 가장 많은 시간을 보내는 1차(primary)환경은 우리들의 심리적 건강과 우리의 행위에 중요한 요소가 된다(Stokols, 1978). 2차(secondary)환경은 식당 같은 곳으로서 비교적 시간을 적게 보내므로 행동적 영향을 줄 수 있다. 여기서는 1, 2 차환경(ex: 조명, 색, 가구 배치)의 특정한 건축설계가 우리 행동에 어떤 영향을 주는지를 보기로 한다.

설계는 우리 행동에 어떻게 영향을 미치는가? 있을 수 있는 효과들을 모두 나열하기에는 너무 많으므로 몇 가지만을 줄여서 열거하기로 한다. 설계요소는 우리들의 자극수준이나 각성수준에 영향을 줄 뿐만 아니라, 환경으로부터 받는 정보수준에도 영향을 미치고, 그러한 환경이 행동제약도 줄 수 있다. 이를 각각의 영향 정도에 따라 여러 이론들(ex: 환경부하, 행동제약)이 우리의 감정상태, 타인에 대한 공격이나 도움, 그리고 간단하거나 복잡한 과제수행에 어느 정도 영향을 미칠 지를 예언하는 데 쓰일 수 있다. 설계는 여러 가지 다른 방식으로도 행동에 영향을 줄 수 있다. 예를 들면,'견고한' 표적은 약탈의 피해를 받을 가능성을 낮추며, 인접된 곳에 배치된 사람들이 친근한 관계를 맺을 수도 있는 것이다.

일반적인 환경스트레스 요인 모형도 적절치 못한 설계요소가 사람들에게 어떤 영향을 줄지를 예언할 수 있게 한다. 이러한 여러 가지에 대처할 수 있는 방안의 하나는 환경을 우리의 욕구와 필요에 맞게 조절(adjust)하는 것이다. 이에는 다른 설계(다른 효과를 줄 수 있는 다른 설계)를 쓰는 것이 포함된다. 형광등이 거북스럽다면 백열등으로 대체하는 것이다. 또는 주어진 환경에 우리들의 행위나 욕구에 맞도록 기존의 환경과 '타협해서 살거나', '적응' (adapt)할 수 있다. 설계요소들의 많은 행동영향은 적응으로 볼 수 있다. 우리는 여기에서 설계가 우리 행동에 미치는 방식 중 몇 가지만을 들 것이다.

우선 건축환경과 우리의 기분과 행동 간의 관계들은 복잡하며, 이 관계를 지나치게 단순화시키는 것은 좋지 않음을 지적해야 한다. 이러한 복잡성을 이해할 수 있도록, 건축결정론 또는 환경개연론 같은 인공환경이 행동에 미치리라고 보는 일부 주장들도 살펴보기로 한다. 다음에는 조명, 색 그리고 가구들 같은 일부 특정한 설계요인들이 행동에 미치는 효과를 탐색하려고 한다. 다음에는 설계에 대한 아이디어가 어떻게 실행되는지의 설계과정을 소개함으로써 끝맺기로 한다. 다음에서는, 여러 구체적 환경들(ex: 병원, 사무실, 장면 등) 에 위에서 말한 개념들이 어떻게 적용될 수 있는지를 보기로 한다.

1. 건축이 영향을 주는 정도

≫ 역사적 개관

최근까지 건축과 설계가 행동에 주는 영향들이 흔히 과소평가되어 왔다고 한다. 아무리 개략적으로 계획된 도시와 건물들이라도 행동에 영향을 주고 삶의 질에 영향을 준 측면을 고려하지 않을 수 없다. 설계자들의 눈에는 미적 감각들이 가장 중요했다. 최근에 와서는 설계과정에 보다 행동지향적 시각들이 체계적으로 통합되었다. 요즘에는 설계가 행동에 영향을 미치는 것을 점점 더 깨닫게 되었다. 그러나 건축이 미치는 영향이 어느 정도인지에 대해서는 설계자뿐만 아니라 연구자들 간에도 일치된 견해가 없다.

≫ 건축결정론

건축이 행동에 영향을 준다는 이론들 중 초기의 것의 하나는 건축결정론(architectural determinism)이다. 건축결정론의 골자는 건축환경이 그 안에 있는 사람들의 행동을 형성한다는 것이다. 이 주장은 건축과 설계가 행동의 유일한 원인으로 보는 가장 극단적인 형태이다. 그러나 이 주장이 설계의 영향을 적절히 설명하기에는 너무 단순하다는 것이 분명해졌다. 우선 사람들이 환경과 상호작용을 주고받는다는 사실을 도외시한 점이다. 즉, 사람들이 환경을 변화시키고 환경에 영향을 주는 정도는 다시 환경이 사람들에게 영향을 주는 만큼이다. 둘째는, 건축결정론은 물리적, 사회적 그리고 심리적 요인들 간에 일어나는 복잡한 상호작용을 고려하지 않는다는 것이다. 건축설계는 프라이버시, 집단형성 같은데 영향을 주지만 우리들의 욕구, 진행 중인 활동 그리고 관련성들이 이들 영향들을 조절하게 된다. 예로서, 몇몇 친구들이 살고 있는 복잡한 기숙사로 이사를 갈 것인지 또는 같은 곳이지만 아는 친구가 아무도 없는 곳으로 이사를 갈 것인지에 따라 과밀 스트레스를 경험할 것인지가 결정될 수 있다.(Baum, Harpin, & Valins, 1975).

≫ 환경가능론

건축환경이 행동에 주는 영향을 다룬 다른 이론은 건축결정론에 대한 반발에서 비롯되었다. 환경가능론(environmental possibilism, Porteus, 1977)은 환경이 행동에 제한을 줄 뿐만 아니라 기회도 주는 것으로 본다. 우리의 선택이 기회를 잡거나 걸림돌이 되는 정도를 결정한다. 무조건 환경이 행동을 모두 결정한다기보다, 환경가능론은 어떤 맥락에서의 환경인지에 초점을 둔다. 이 이론에 따르면 환경과 우리의 선택 양자에 의해서 어떤 영향을 받는지가 결정된다.

≫ 환경개연론

결정론과 가능론의 양 극단들 사이에 위치하는 환경개연론(environ-mental pro-babilism, Porteus, 1977)은 결정론이 절대적으로 환경이 행동에 영향을 준다고 보며, 가능론이 환경이 행동에 미칠 영향을 예상하기 힘들도록 개인의 선택에 비중을 두는 데 비해 개연론은 양자의 절충안이다. 즉, 유기체가 어떤 환경상황에서 다양한 반응들을 보일 수 있지만, 구체적인 설계와 행동 간의 개연성이 있다는 것이다. 이 개연론은 행동에 영향을 주는 설계변인들뿐만 아니라 비건축요인들의 영향도 반영한다. 따라서 사람들과 그들이 들어 있는 특정한 환경을 모두 안다면 어떤 행동들은 다른 행동들보다 더 자주 일어날 것이라고 말할 수 있다.

환경개연론의 간단한 예를 들어보자. 당신은 대형 강의실보다 적은 학생들이 듣는 수업이 있다고 가정하자. 이 조건에서는 토의가 많이 요구된다. 당신은 교실에 대한 모든 것을 연구한 후에 책상들의 배열을 바꾸기로 했다. 대부분의 경우 당신은 원형으로 좌석을 배치하면 사람들이 더 자주 말한다는 것을 배웠다. 따라서 당신의 교실을 이와 같은 식으로 바꾸면 보다 나은 토의를 유도하는 데 성공할 것이다. 그러나 수업이 하루에 다루기에는 일정이 늦거나 교수가 흥미 없게 수업을 진행한다면 토의유도는 성공할 수 없을 것이다. 개연론에 따르면 확실한 결과를 말할 수 없다.

당신의 입장이 어느 쪽인지 관계없이 당신은 건축과 설계에 의하여 사회적 현상과 심리적 현상들이 어느 정도 영향을 받게 된다는 데는 이의가 없을 것이다. 이제 우리는 다양한 장면에 걸쳐서 우리 행동에 영향을 주는 것으로 밝혀진 구체적이고 개별적인 내부설계요소를 고려하기로 한다.

2. 건축설계의 요소들과 행동

≫ 조명

실내조명은 우리의 행동에 어떤 영향을 주는가? 대부분의 조명요소들은 수행과 관련하여 영향을 준다. 시험을 보는 것, 실험실에서 실험과제를 하는 것, 그리고 자동차 조립공장에서의 작업에 이르기까지 여러 맥락들에서 조명은 우리의 수행에 영향을 준다. 가장 기본적인 수준에서 조명은 우리가 하는 일을 쉽게 볼 수 있는지 힘들게 볼 수 있는지도 수행에 영향을 주게 된다. 한쪽 극단에서는 조명이 없어서 질문지를 읽을 수 없을 경우도 있다. 대체로 조명이 어떤 결정적 수준까지 증가되면 시력과 수행도 향상됨을 보인다(Boyce, 1975). 또한 일정 수준 이상으로 조명이 지나치게 증가되면 시력이 저하되는 결과도 나왔다(ex; Logan & Berger, 1961). 따라서 조명의 효과는 일정 수준까지 조명이 증가되면 수행이 향상되다가, 그 수준을 넘어서면서 수행을 방해하는 우리가 잘 아는'거꾸로 된 U형' 의 패턴을 따르는 것 같다.

조명의 양 이외에 눈부심(glare)도 수행과 관련된다. 눈부심이란 무엇인가? 눈부심이란 덜 밝은 불빛이 있는 장면에 밝은 불빛이 들어오는 것을 말한다. 이는 사물을 보는 능력을 감소시키고, 여러 과제들을 수행할 때 부작용을 끼칠 수 있다(ex; Boyce, 1975).

여러 조명조건들도 우리들의 기분에 영향을 주어서, 우리들의 사회적 행동에 영향을 줄 수 있다. 이들 효과들은 우리가 들어 있는 환경적 맥락에 의해 결정될 수 있다. 예를 들면, 도심에서의 어두운 공원은 침울하거나 위협적일 수 있으나, 다른 장면에서는 아주 낭만적이고 친밀감을 촉진시킬 수도 있다. 분명히 어두운 방이 밝은 불빛 아래에서보다 사랑을 촉진시킬 것이다. Gergen, Gergen 그리고 Barton(1973)은 서로 낯선 대학생들을 몇 시간 동안 어두운 방에 두었을 때, 이들 간에 상당한 언어적 친밀감과 신체적 친밀감이 형성됨을 발견했다. 어두움과 익명성은 친밀감을 막는 습관적인 장벽을 제거해주었다.

보다 부정적인 측면으로는 눈부심이 여러 환경맥들에서 불안감을 유발하는 듯한데(boyce, 1975), 어떤 상황 하에서는 형광등은 백열등과 다른 영향을 줄 수 있다. 한 연구에서는 조명을 형광등에서보다도 여러 색이 다 들어있는 불빛 아래에서 더 침착해짐을 보였다. 다른 보고들에서도 그러한 증거를 보였으며, 학습지진아들에 있어서도 조명의 질에 따라 민감도가 달라짐을 보였다.

≫ 창문

창문은 어떤 장면의 밝기뿐만 아니라 일반적인 분위기에도 큰 영향을 준다. 창문이 없는 공장들에서의 행동을 다룬 연구들이 있다. Prichard(1964)는 창문이 없는 것이 근로자의 능률을 떨어뜨리지는 않는다고 주장하였지만, 스웨덴의 지하공장을 다룬 연구에서는 근로자들이 더 피로하고, 신체적 스트레스(예; 두통)를 호소하며, 그 장소에 대해 더 부정적인 감정을 나타냄을 보였다(Hollister, 1978). 어느 정도는 창문이 없어도 조명을 밝게 하거나 에어컨을 가동시켜서 보완시킬 수는 있으나, 근로자들이 창문이 없는 곳은 좋아하지 않는다는 결론을 내릴 수 있었다(Collins, 1975)

사무실에서는 창문의 존재가 중요한 듯하다. 근로자들은 자신의 사무실을 좋아하는지에 관계없이 창문이 없으면 불만족한다는 연구결과가 나왔다(Ruys, 1970). 창문이 없음으로 해서 생긴 문제들은 창문을 새로 내지 않으면 교정되지 못한다는 Ruys(1970) 결론으로도 사무실에서 창문의 중요성은 뒷받침된다. Sommer(1974)는 근로자들이 창문이 적으면 여행포스터, 풍경화 그리고 다른 치장들을 걸어 놓아서 보상하려고 하였으나 문제를 해결할 수는 없다고 했다.

창문의 중요성으로, 창문이 없는 학교에 대한 연구들이 나왔다. 원래 교실에서 주의산만함을 줄이고, 난방비의 절약과 도난을 방지하기 위해 건물에 가급적 창문을 적게 달았다. 창문이 적은 것이 어떤 때는 학습증진을, 또 어떤 때는 학습부진을 가져오는 등 일관된 효과를 보이지는 않았으나 기분에는 부정적인 효과를 주었다.(Karmel,1965)

주택, 교실 그리고 사무실에서 창문들은 매우 중요하다. 자연조명을 가능케 하고 밖을 내다볼 수 있어 보다 쾌적하고 유쾌한 실내분위기를 만들게 된다. 다른 장면들보다 집은 주위산만이 덜 중요하므로, 에너지 보존 측면을 제외한다면 창문을 적게 할 이유는 적다.

≫ **색**

조명처럼 색도 어떤 장면의 전반적인 분위기뿐만 아니라 직접적으로 사람에게 영향을 미칠 수 있다. 조명과 색은 양자가 서로 영향을 주기 때문에 분리하기가 힘들다. 우리가 색을 지각하는 것은 조명에 의하기 때문이다. : 색은 잘 조명된 방이 우리에게 얼마나 잘 보일지를 결정해준다. 예를 들면, 황색의 방보다 검은색의 방에서 같은 정도의 조명을 유지하려면 보다 밝아야 한다. 또 색에 의하여 일부 시력이 영향을 받는다는 증거들도 있다(Eastman, 1968). 다른 색상보다 특정한 색상으로 된 방에서 색깔을 더 잘 변별할 수 있다.

색은 또 기분에 독립적인 영향을 줄 수 있다(ex; mehrabian & Russell, 1974) ; 실제로 상이한 색들이 다른 분위기를 유발할 수 있다. 우리는 어떤 색은 진정시키고, 다른 색은 흥분시키며, 또 다른 색은 안정감과 평온감을 준다는 것을 알 수 있다. Wilson(1966)은 빨간 색상은 녹색 색상보다 대체로 더 큰 생리적 각성을 일으킴을, Baum과 Davis(1976)는 같은 색이라도

강도가 다르면 사람들의 반응이 달라짐을 보였다. 환한 녹색 방은 어두운 녹색 방보다 더 크게 보이고, 덜 혼잡한 것처럼 보인다. 앞의 연구는 색이 우리가 장면들을 지각하는 방식에 영향을 줌을 시사하는 것이다.

Acking과 Kuller(1972)는 유사한 연구에서 색이 다른 여러 방을 찍은 슬라이드들을 피험자들에게 보이고 평정하게 하였다. 그 결과 밝은 색의 방이 더 개방적이고 넓은 것으로 지각하였다. 그러나 어떤 방의 '쾌적도' 평정은 색에 따라서 차이를 보이진 않았다.

다른 연구들에서는 다른 색들의 '쾌적도' 를 다루었으나 약간 다른 결과를 내었다. Helson과 Lansford(1970)는 가장 쾌적한 배경색들은 흰색, 노란색, 녹색, 약간 어두운 빨간색 그리고 청색뿐만 아니라 어두운 녹색과 검은색들도 쾌적한 색이라고 하였다. 그렇다면 전체적으로 '쾌적도' 판단이 색에 따라 항상 달라지지는 않지만, 어떤 때는 달라진다고 할 수 있다. 색 선호에 있어서의 개인차는 아주 크기 때문에, Helson 등이 말한 색들을 싫어한다고 해서 놀랄 필요는 없다. 또한 맥락에 따라 특정한 색이 휴게실에서는 쾌적한 색이지만, 침실에서는 그렇지 않을 수 있다.

≫ 미학적(美學的)

설계의 주요목표는 사람들이 완성된 장면을 볼 때 특정한 반응을 유발하는 것이다. 이런 면에서 미학적(aesthetic) 특질은 중요한 역할을 한다. 어떤 환경은 놀라움을, 다른 환경은 친밀감을, 그리고 편안함을 일으킨다. 교회의 설계는 사람들을 왜소하게 만들어, 사람들과 하느님 간의 적절한 관계를 암시한다. 그리하여 많은 교회들은 크고, 거인을 위한 집 같이 보이고, 때로는 경외심을 느끼게 한다. 그러나 낯익은 식당은 아주 다른 이미지를 시사하여, '편안함' (homey)을 풍기게 한다.

건축과 설계는 예술의 형태들이다. 건축환경의 미학적 질은 자연미만큼 영향을 줄 수 있다. 문제는 설계에서 미적 고려가 종종 행동적 고려와 상충되는 데 있다. 우리가 만든 가장 아름다운 구조들도 가장 비실제적일 수 있다. 그러나 설계에 미치는 행동적 효과보다 적게 관계된다고 해서 미학적 질을 무시할 수는 없다. 미적인 고려도 행동 결정에 중요하다는 증거가 있다(ex; Stalinist, 1968).

환경의 미학적 질이 행동에 주는 영향은 과소평가되어 왔다. 도시지역의 이미지를 다룬 연두들은 미적 특성이 도시에서 길을 찾는 능력에 영향을 줌을 시사한다(Lynch, 1960). 또 미적 특질이 도시의 단조로움을 줄이고 만족스런 자극수준을 유지시켜주는 증거도 있다(ex; Beltane 1960 ; Lynch, 1960). 미적인 것은 사람들이 환경을 평가할 때 중요한데, 예를 들면, 어떤 사람이 어느 곳에 살지를 고를 때 미적인 고려를 하게 된다(Michelson, 1970). 이는 특히 도시에서 교외로 나가는 사람들에게 들어맞는 것처럼 보인다.

어떤 방이 얼마나 쾌적하냐, 또는 매력적이냐 하는 미적인 특질은 그 장면에서의 사람들의 평가에도 영향을 주게 된다. Maslow과 Mintz(1956)는 '멋진 방(장식이 잘 되고, 조명이 좋고), 보통의 방(교수연구실) 그리고 추한 방(수위실의 옷장)' 에서 몇 장의 사진들을 보고 평가한 것을 비교하였다. 그 결과 피험자들은 멋진 방에서 그 사진들을 보았을 때 가장 긍정적 평가하였고, 추한 방에서 사진을 평가하게 했을 때 가장 부정적으로 평가하였다.

매력적인 환경은 사람들로 하여금 더 좋은 느낌을 갖게 한다. 연구결과 치장이 된 공간들에서는 그렇지 않은 때보다 사람들로 하여금 더 안락함을 느끼게 함을 보였다(Campbell, 1979). 유쾌한 환경과 관련된 좋은 기분은 사람들이 서로 타인을 돕게 하는 듯하다(Sherrod등, 1977). 미적인 특질은 작업에 어떤 영향을 주는가? 우리는 어떤 장면들에서는 쾌적한 공간에서 더 능률적이고 정확하나, 다른 맥락에서는 미적 쾌적도는 방해가 됨을 보였다.

유쾌한 장면에서는 사람들이 서로 말을 많이 하도록 하였고(Russell & Mehrabian, 1978), 사무실에서의 사교적인 것이 능률적인 수행을 방해하는 정도만큼 미적 특질이 문제가 될 수 있었다. 연구 결과 치장을 하는 것이 주의분산을 가져올 수 있으나(ex; Baum & Davis, 1976), 이것이 꼭 문제가 되는지는 다른 요인들에 달린 듯하다(Worchel & Reddie, 1976).

≫ 가구

가구와 이의 배열, 다른 실내환경들의 측면들도 행동에 중요한 결정요인일 수 있다. 교실에서 비전통적인 좌석배치가 학생들의 성적에 영향을 줄 수 있는데, 교사를 바라보게 쭉 나열된 표준적인 배치보다 말발굽형, 원형 또는 약간 자유로운 배치가 학생들의 관심을 더 일으키고, 참여를 유도하는 듯하다(Sommer, 1969). 전통적인 교실배치에서 사람들이 어느 곳에 앉는지에 따라서 성적의 차이가 있다는 증거도 있다.

방안의 가구배치도 그 방에 대한 지각에 영향을 줄 수 있다. 어떤 연구들은 단지 우리들 대부분이 알고 있거나 의심하는 바를 확증하는 것들이었다. Imamoglu(1973)는 빈 방은 가구가 있는 방보다 더 넓게 보이지만, 가구가 있는 방이라도 가구가 꽉 들어찬 방보다는 더 넓게 보인다고 하였다. 이는 대학생들이 학교 밖의 방을 구할 때 가구가 없는 아파트보다 가구가 있는 아파트를 더 좁다고 느끼고, 일단 이사해서 가구를 들여 놓으면 더 좁아 보인다는 공통적인 지각으로도 확인된다.

대부분의 가구배치를 다룬 연구들은 수용시설 장면에서 한 것이었다. Reusch와 Kees(1956)는 환자들이 그들의 가구를 배치하는 것이 그들의 공간에서의 상호작용에 대한 느낌을 표현한다고 보았다. 어떤 배열은(사회 구심적이라고 부를 수 있는) 개방적이고 환영하는 상호작용을, 다른 배열은(사회 원심적이라고 부를 수 있는) 폐쇄적이며 사회적 접촉을 억제하는 것이었다. Sommer와 Ross(1958)는 노인병 전문병원에서의 가구배치와 행동의 관계를 기술하였다. 의자들을 벽면에 따라 한 줄로 쭉 배열했을 때는 환자들이 상호작용을 많이 하지 않았다. 이 배치는 서로 대화를 하는데 불편하기는 하지만, 상호작용을 못하게 하는 것은 아니었다. Sommer와 Ross가 배치를 달리하여 소집단들로 모이도록 의자를 한 곳에 배치하자 환자들이 서로 이야기하기 시작하였다. 이전의 배치는 인접된 사람과 대화를 촉진시키지 않았으나, 나중의 변화된 배치는 이웃한 사람과의 대화를 촉진하였다. Holahan(1972)은 정신병원에서 같은 결과를 얻었는데, 탁자 주위에 둘러앉은 환자들은 벽에 한 줄로 쭉 기대앉은 환자들보다 말을 더 많이 하였다.

가구배치는 지위와 타인들과의 거리를 두고자 하는 필요성을 나타낸다. 사무실 안에서 가구배치의 효과를 연구한 것들을 보면, 책상은 사무실 주인과 방문객 간의 '장벽'으로 쓰이며, 지위의 차이뿐만 아니라 물리적 거리와 심리적 거리에 대한 욕구를 표시할 수 있다. 또한 가구배치 효과는 상호작용의 유쾌도와 방문자의 편안한 정도를 시사할 수 있다(Campbell, 1981). 어떤 대학 심리학과에서의 사무실 배치를 살펴보자. 어떤 교수들은 자기 집기들을 방문자들이 책상을 마주보고 앉도록 배열한다. 다른 교수들은 거리감을 덜 느끼도록 학생들과 자신들 사이에 아무런 장애들이 없도록 배치한다. 두 배여들은 서로 다른 반응들을 일으킬 수 있다.

기존의 건축구조를 더 뚜렷하게 하는 가구배치도 할 수 있다. 대부분의 환경맥락들에서, 벽, 문의 위치 등은 고정되어 있어 이동시키기가 어렵다. 어느 정도 이 요소들은 건물 내의 공간을 구조화한다. 그러나 가구의 배치는 종종 부가적 구조를 제공할 수 있다. 예를 들면, 매우 큰 거실이 있을 때 가구들을 진열해서 두 개의 방으로 나눌 수 있다. 또는 방을 하나로 만들 수도 있다.

가구가 기분과 행동에 영향을 주는 것은 배치의 측면이 아니다. 가구의 질도 중요하다. 앞에서 우리는 가구의 질이 '멋진' 방과 '형편없는' 방의 효과를 논의하여 멋진 방이 때로 심리적인 장점이 있음을 보았다. 그러나 불행하게도 단일한 품목이나 한 벌의 가구의 질을 체계적으로 다르게 해본 연구는 없었다. 그러나 대규모적으로 가구의 질을 향상시킨 효과에 대한 연구는 나왔다. Holahan과 Saegert는 정신병원의 병동 내의 가구를 바꾸는 등 새로 단장한 병동과 하지 않은 병동을 비교하였다. 새로 단장한 곳은 새로운 가구를 들이고 페인트도 새로 칠하였으며, 상이한 유형의 공간을 만들었다. 이러한 환경 내의 질적 향상은 병동 안에서의 사회적 활동을 증가시켰다고 한다. Whitehead 등도 유사한 결과를 보고하였는데, 이들은 종합병원 내 정신과 병동을 대상으로 Holahan 등의 연구와 유사한 변화를 보였다. 앞의 두 연구들은 환경의 질이 기분과 행동에 영향을 줄 수 있음을 보인 것이다. 그러나 향상이 너무 광범위한 것이었기 때문에, 그러한 결과를 가져온 주요 원인이 무엇인지는 해석하기 어렵다.

궁극적으로 가구배치에 대한 결정은 가격, 미적 고려 그리고 그 장면의 기능 등을 포함한 몇 가지 준거 등에 바탕을 두고 하게 된다. 뒤의 준거들은 종종 평가하기가 가장 힘들다. 때로 특정한 공간이 서로 가까이 작업하는 근로자들 간의 의사소통을 촉진시키고, 때로는 회의실의 기능도 하며, 상담하러 온 고객들에게 좋은 인상을 주도록 설계된다. 이들 기능들 중 어느 것들은 서로 상충되므로, 가구의 선택과 그 배치 시에는 이들 복잡성을 염두에 두어야만 한다고 한다.

이처럼 건축이 영향을 주는 정도가 어떠한 것들이 있고 건축설계요소들에 따른 행동을 자세히 보기 위하여 우리는 명동의 한 카페에서 일정한 시

간대에 따른 그 카페에 손님들의 행태를 조사해 보았다. 그 사례는 다음과 같다.

1층

IN				OUT			
시간	人	출입구	TABLE	시간	행동	특징	出
8:21		A	10	9:00			B
8:24	30대초반여	B	6	9:00			
8:28	외국인20대여	A	·				
8:30	외국인에	A	7				
8:32	30대초여	B	·	8:56			A
8:35	20대여	A	7	8:56			A
8:37	10대여	A	6	9:14			A
8:38	20대여	B	·				
8:41	20대여	B	·				
	20대여	A	·				
8:43	40대남·여	A	·	9:07			A
	20대남·여	A	5				
	20대여	A	·				
8:45	20대여	B	·				
8:47	50대여	B	·				
8:48	30대남		·				
8:53	30대남·여	B	·				
8:54	20대남	B	·				
8:57	50대남	A	·				
8:58	30대남	B	6	9:30			
8:58	30대남	A	2	9:16			A
8:59	20대여(2)	A	4	9:27			A
8:59	40대여(3)	A	3	9:23			B
9:00	30대남·여		·				
9:03	20대여	B	·				
9:07	30대남·여	B	2F				

현대 사회에서 바쁘게 살아가는 사람들은 아침에 일찍 모닝커피 혹은 간단한 Fast Food하기 위해 커피숍을 자주 들른다. 우리가 관찰한 커피숍에서는 아침에는 대개 근처 회사에 출근하려는 직장인들과 수능 이후 시간이 많아진 10대들 그리고 20대 사람들이 주를 이루었다.

커피숍 안에서 1층인 경우 아침이라 바쁜 사람들로 인해 take out이 많았고 정문을 이용하려는 경향이 있었다. 반면에 출입구 앞에는 절대 앉지 않는 걸로 보아 바쁜 와중에도 조용히 모닝 커피한잔을 즐기려고 하는 여유를 가지려는 사람들이 많았으며, 혼자 온 사람인 경우 2번 긴 테이블에 앉는 경향이 있었으며, 카운터와 가까운 곳에 있는 5,6,7 테이블에 사람들이 앉으려는 경향으로 보아, 주문하고 나서 가까운 곳에 앉아 빠르고 편하게 커피를 마시려는 것 같았다.

그리고 이용자의 연령층은 20대가 50% 정도, 30대가 25% 정도, 40대가 14%, 50대 이후가 7% 정도 비율이 나왔으며, 남성의 경우는 take out이 많았으며 여성인 경우에는 20~30대를 제외한 모든 연령층이 느긋하게 커피를 마셨다.

2층에 있는 대부분의 사람들이 1층에 있는 사람들보다는 여유 있게 커피를 마시며 유리창을 통해 바깥 풍경을 관망하는 사람들이 많았다.

2층으로 사람들이 들어왔을 때 우선 가장 먼저 시선이 가는 쪽은 구석 쇼파자리인 12번 자리였다. 중년층인 경우 편안하고 안락한 쇼파를 먼저 찾는 경향이 강했으며, 젊은 층 같은 경우는 전망이 좋은 창가 쪽을 선호했다. 또한 1층과 마찬가지로 2층으로 들어오는 연결공간 근처보다는 그 공간에서 멀리 떨어진 공간에 있는 자리들을 선호했으며, 혼자 앉는 사람들은 5번~10번 테이블에 앉아서 커피를 마시며 바깥 경치를 보는 경향이 있었으며 대부분의 둘 이상 온 손님들은 창가 쪽보다는 안쪽으로 앉아서 서로 얘기를 하는 경향이 강했다. 또한, 출구열의 좌석(1번)은 출구 열이지만 들어오는 사람들의 시선에 의외로 잘 띄지 않아 그 좌석에 앉은 사람들은 잠을 자는 모습도 보였다.

마지막으로 2층으로 올라온 사람들 대부분이 본인이 원하는 자리가 이미 다른 사람에 의해 앉아져 있거나 자리가 없는 경우 3층이나 4층으로 올라 가거나 혹은 다른데 잠시 앉아 있다가 원하는 자리가 비는 경우 바로 자기 짐을 챙겨 옮길 만큼 자신이 앉고 싶은 자리에 앉으려고 하는 욕구가 강했다.

3층과 4층으로 올라온 사람들 역시 창가 쪽과 구석에 소파자리를 선호했다. 그런데 2층과는 달리 사람들이 3층과 4층까지는 잘 올라오지 않는다.

2층

IN			OUT		
시간	人	TABLE	시간	행동	특징
8:30	20대 여성	21	9:15		
8:46	20대 남 · 여	22			
8:53	20대 여성	1	9:30		
8:55	40대 남성	4			
9:10	30대 후 · 40대 초 남	10	9:30		
9:15	30대 여 · 2	11	9:49	안쪽으로 자리를 옮김	
9:23	20대 여성	7			
9:28	20대 남 · 여	20			
9:25	남 · 여	16			
9:25	20대 여성	5			
9:30	20대 여성	9			
9:34	20대 여성	8			
9:50	30대 남성3	3			
9:55	20대 여성2	2			
10:00	20대 여성	11			
10:01	30대 남성2	6			

전체적인 층수별로 봤을 때는 1층은 사람들의 출입이 잦아 앉아서 천천히 커피를 마시는 사람들이 적었고, 3,4층은 많이 올라가야 하기 때문에 1,2층에 사람이 꽉 차지 않는 한 사람들의 출입이 적었다. 앉아서 여유를 즐길 수 있고, 사람들의 출입이 많지 않은 2층이 가장 사람들이 많았다.

3. 결론

위에서 본 바와 같이 건축이 영향을 주는 정도가 어떠한 것들이 있고 건축 설계요소들에 따른 행동을 자세히 보기 위하여 우리는 명동의 한 카페에서 일정한 시간대에 그 카페에 손님들의 행태를 조사해 보았다. 이번 조사를 통해 주로 아침시간에 take out을 하는 것으로서 커피 한잔의 여유도 없을 만큼 너무 바쁘게 돌아가는 현대 사회의 일면을 발견할 수가 있었다. 명동이라는 번화가에 있는 카페라는 위치적 성격 때문에 주 이용자의 연령층은 20대가 50%로 가장 많고 30대가 25% ,40대가 14%, 50대가 7% 순으로 중년층의 비율이 낮다. 중년층들은 이러한 발 빠른 사회에 적합하게 시스템 된 카페의 이용을 적게 하는 것으로 나타났다.

3층

IN			OUT		
시간	사람	테이블	시간	행동	특징
12:10	30대 외국인 남	1			
12:10	20대 여성2	13			
12:15	30대 여성2	19			

4층

IN			OUT		
시간	사람	테이블	시간	행동	특징
12:10	40대 여성	3			
12:15	20대 여성	12			

TAKE OUT 커피전문점에서의 인간행태

_한승훈
_유진우
_김진섭

1. 테이크아웃 문화

요즘 사람들은 한 손에는 스타벅스의 커피를 들고, 다른 한 손에는 오늘 점심으로 먹을 서브웨이 샌드위치를 들고 있다. 이렇게 음식을 걸어다니며 혹은 포장해서 다른 장소에 가서 먹는 테이크아웃 문화가 우리의 먹을거리 문화의 하나로 자리 잡고 있다. 우리나라의 테이크아웃 문화에 대한 견해는 크게 두 가지로 나누어 볼 수 있는데, 첫 번째는 테이크아웃 문화는 현대 소비자의 특징을 반영한 것이라는 주장이다. 디지털 시대의 소비자는 유목민과도 같은데, 이들은 점심시간에 혼잡한 장소보다 자신이 원하는 장소에서 느긋하게 멋과 여유를 즐기며 식사를 하고자 한다. 그리고 두 번째는 오늘날 개인주의 문화의 형태로 자리 잡아 가면서 자연스럽게 솔로들만의 문화가 생겨나게 되었고, 이들을 위한 음식문화가 반전된 것이 테이크아웃의 형태를 띠게 되었다고 한다. 그런데 테이크아웃 문화가 나 홀로 문화라고 하지만, 우리나라 테이크아웃의 독특한 특징이라고 한다면 음식을 사서 나눠 먹는다는 점과 이 장소를 만남의 장소로 이용한다는 점이다.

2. 조사배경

장소 : 서울특별시 서초구 서초동 1339-9 메트로빌딩 1층 스타벅스

선정이유 – 1층 매장으로 되어 있어 관찰이 용이하다.

– 많지 않지만 꾸준한 유동인구

시간 : 오후 3시~오후 6시 30분

3. 가설

일반적으로 테이크아웃 전문점에서 이루어질 만한 행태를 생각해 보았다.

① 중앙보다는 창가를 선호한다.

② 의자보다는 소파를 선호한다.

③ 혼자 갔을 때보다 여러 명이 갔을 때 오랜 시간 머문다.

④ 주변 사람들과 떨어진 곳을 선호한다.

4. 조사방법

조사항목은 다음과 같이 정하였다.

① 일행 수, 성별

② 기본 동선 (자리를 맡은 후 주문을 하는가, 반대인가)

③ 앉은 위치(이후 이동한 자리)

④ 머무르는 시간

⑤ 머무르는 동안의 행위

⑥ 그 밖에 일어나는 다양한 행태

5. 조사내용

조사건수 : 93건

총인원 : 183명(남자 : 67명, 여자 : 116명)

1명 : 39건 2명 : 42건 3명 이상 : 12건

전체 머무르는 시간 평균 : 약 46분

1명이 머무르는 시간 : 약 38분

2명이 머무르는 시간 : 약 37분

3명 이상이 머무르는 시간 : 약 1시간 11분

Take-out하는 경우 : 22건

≫ 사람들의 행위

- 일행을 기다림
- 독서(책, 신문, 잡지…)
- 전화
- 이야기(2명 이상인 경우)
- 화장실에 감

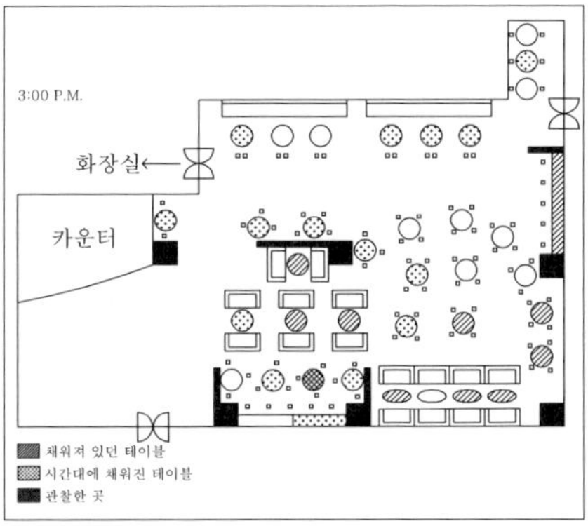

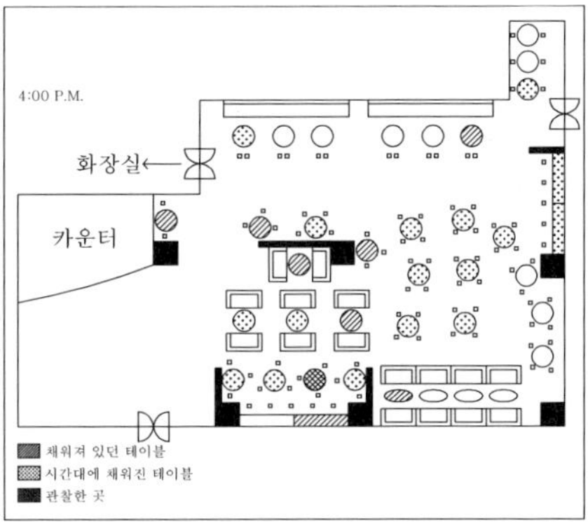

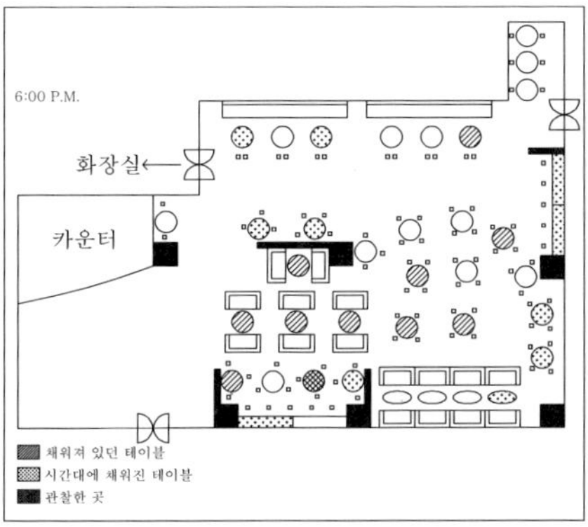

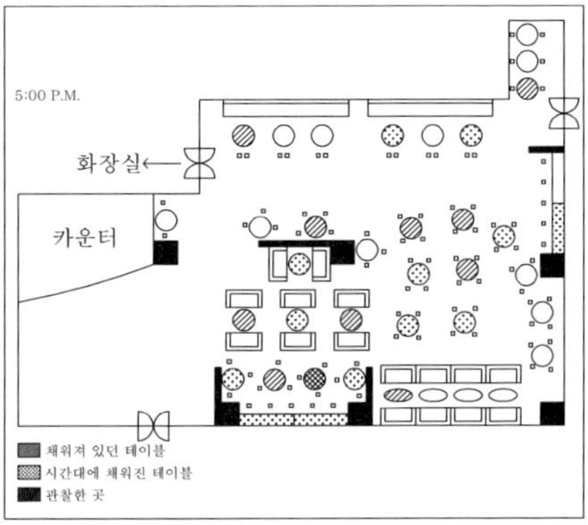

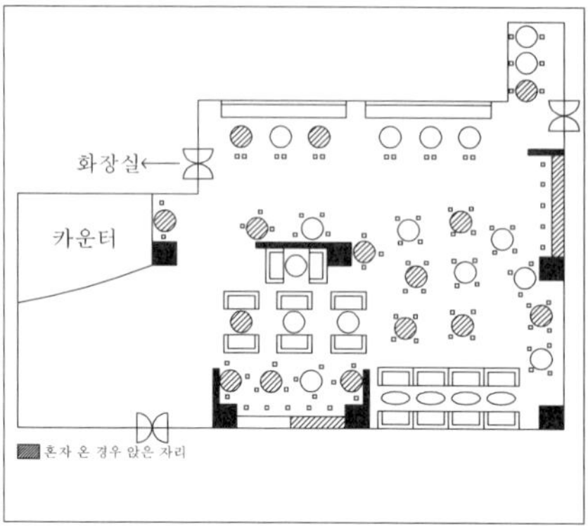

혼자 온 경우 앉은 자리

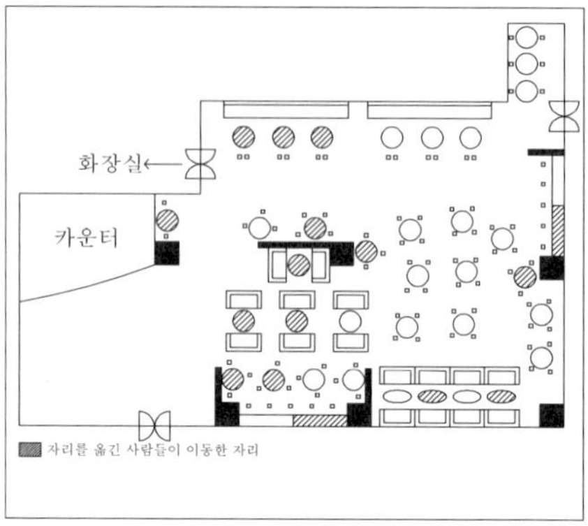

자리를 옮긴 사람들이 이동한 자리

2명 이상 온 경우는 대부분 이야기를 나누며 시간을 보낸다.

혼자 온 사람들은 소파나 창가를 선호하며 대부분 독서를 하거나 공부를 한다.

주문을 받고 주문한 음료를 받는 곳이 적절하게 분리되어 동선의 흐름에 방해되지 않는다.

≫ **관찰한 사람들의 행태**

- 대부분 좌석에 가까운 출입구로 들어온 사람들은 자리를 먼저 정하고 주문을 하며, 카운터에 가까운 출입구로 들어온 사람들은 주문을 먼저 하고 자리를 정한다. 일행이 많은 경우에는 일부는 주문을 하고 일부는 자리를 정하는 경우도 있다.
- 사람들은 딱딱한 의자보다는 푹신한 소파를 선호한다.
- 테이블이 모여 있는 중앙보다 창가를 선호한다.
- 테이블로 둘러싸인 곳보다는 한쪽이나 그 이상이 벽이나 파티션, 기둥 등과 닿는 곳을 선호한다.
- 사람들이 선호하는 자리들이 비워져 있지 않은 경우, 사람들은 다른 사람들로부터 비교적 떨어져 앉는다.
- 자신이 선호하는 자리에 앉지 못했을 경우, 지금 앉아 있는 자리보다 선호하는 자리가 비워지면 선호하는 곳으로 자리를 옮긴다.
- Take-out전문점의 경우, 주문을 하지 않더라도 매장 안에서 누군가를 기다리거나, 쉬었다 가는 행동이 자연스럽게 일어난다.
- 주문을 한 경우라도 일반 카페보다 머무르는 시간이나 행동에 비교적 제약을 받지 않는다.

6. 결론

우리나라에서의 테이크아웃 문화는 개인주의 문화가 발달하면서 생겨난 솔로들을 위한 음식문화로 발전해 온 서양과는 달리'만남의 장소, 쉼터' 같은 큰 의미로 발전했다.

스타벅스 같은 경우는 넓은 매장을 가진 다른 테이크아웃 커피전문점과 마찬가지로 카페의 역할을 겸한다. 사람들은 여기에서 사람을 만나고, 쉬고, 차를 마시고 간단한 식사를 할 수 있으며, 직장의 의미로 본다면 일을 할 수도 있다. 그리고 위의 상황이 아니라면 테이크아웃을 하는 경우이다. 이러한 과정에서 다양한 행위가 일어나는데, 이 속에서 일어나는 행태는 조사 전에 예상했던 가설들과 일치하는 것을 알 수 있었다. 사람들의 행태는 일반적인 상황에서는 보통 우리가 생각하는 그 자체이다.

대형 서점에서의 인간행태

_김경훈
_안원기
_조준호
_이주영

1. 대상선정 이유

① 강남고속터미널과 신세계백화점, 지하철 3,7호선은 교통의 요지로서 유동인구가 많다.

② 한 가지 목적이 아닌 다양한 목적을 지닌 사람들의 왕래가 많다.

③ 남녀가 편중되어 있지 않은 장소이다.

④ 나이가 제한되어 있지 않은 장소이다.

⑤ 직업이 제한되어 있지 않은 장소이다.

2. 연령대별 행위 패턴

10대 남학생들의 경우, 서점에 한번 오면 2시간 이상씩 오래 있는 경향을 보이며, 친구들과 함께 오기 보다는 혼자 오는 편이다. 사람들이 많이 보는 곳 (따로 장소가 마련되어 있는 장소)에서 책을 보는 경향을 보였다.

10대 여학생의 경우도 마찬가지로 서점에 한번 오면 2시간 이상씩 오래 있는 경향을 보이며, 역시 책을 보는 곳도 사람이 많은 곳에서 본다. 한 가지 특이한 점은 계산한 후 나가고자 하는 출입문으로 나가는 남학생의 경우와 정반대로 책을 고른 후 가장 가까운 출입문으로 나간다는 것이다. 남학생(남자)들은 항상 다니던 길로 가지만 여학생(여자)은 상황에 따라 행동한다는 사실을 볼 수 있었다.

20대 남자의 경우 서점에 머무는 시간은 30분에서 1시간 정도로 필요한 목적을 이루면 바로 나간다는 사실을 알 수 있었다. 원하는 책을 가지고 그 자리에서 보기보다는 책을 볼 수 있게 마련된 곳에서 책을 보는 경향을 보였고, 구매할 때는 가장 가까운 계산대에서 하지만 나갈 때에는 10대 남학생처럼 자기가 가고자 하는 출입문으로 나가는 경향을 보였다.

서점에서 일어나는 다양한 행태들

30대의 경우 아이들을 데리고 오지 않으신 분들이 많이 있었으며, 머무는 시간은 30분에서 2시간까지 다양하게 나타났다. 원하는 책을 읽을 수 있는 장소로 가져가지 않고 그 자리에서 보는 경향을 보이며, 10,20대 남자들처럼 책을 고른 장소에서 가장 가까운 계산대를 이용하고, 자신이 항상 가고자 했던 출입문으로 나가고자 하는 행동을 보였다.

≫ 시간대별 파악

사람들이 많이 모이는 시간대는 과연 언제일까? 시간대별로 사람들은 어떤 행동을 보일까? 오전 11시부터 오후 8시까지 시간대별 사람들의 분포도 및 행동에 관해 관찰했다.

① 점심시간 이후부터 많아지기 시작했으며 퇴근시간 이후인 7시에 가장 사람이 많았고, 서점이 문을 닫는 것은 10시지만 8시가 되면 이미 사람이 줄어들고 있음을 알 수 있었다.

② 문예부분에 많은 사람이 있었다.

③ 차트에서 볼 수 있듯이 저녁시간이 될수록 연령대가 올라갔다.

④ 책을 볼 때는 주위에 누가 있는지 의식하지 않고, 자신의 취향대로 행동을 했다. 책을 읽을 수 있는 장소로 가는 사람들이 있는가 하면, 그 자리에서 책을 보는 사람들도 있었다.

⑤ 긴 시간 책을 보는 사람은 원하는 책을 골라 구석자리 같은 잘 눈에 띄지 않는 곳으로 이동해서 바닥에 앉아서 책을 보는 경향을 보였고, 둘 이상 함께 올 경우 코너별로 이동은 같이 하나 각자가 원하는 책을 따로 보았다

⑥ 책을 읽는 장소가 따로 마련되어 있는데도 불구하고 자리로 이동해서 보지 않고 그 자리에서 보는 경향이 많았다.

시간대별 인원의 현황

위치 / 시간	D1	A3	B1	E1	합 계
11:00	9	25	5	5	44
14:00	24	50	9	11	94
16:00	34	54	18	16	122
17:00	30	63	18	27	138
19:00	34	92	26	12	164
20:00	24	66	15	14	119

⑦ 자신이 관심 있는 책이 있는 곳으로 바로 가기보다는 사람들이 많이 모이는 곳에 모인다. 책을 바로 선택해서 계산하는 경우는 거의 없고 이것저것 구경을 많이 하면서 자신이 원하는 책을 향해 간다.

⑧ 대부분의 사람들이 책을 구매하기보다는 누군가를 기다리며 시간을 보내거나 책에 대한 정보를 찾는 경우가 많고, 정작 책을 사는 경우는 별로 없었다.

3. 결론

서점을 관찰, 조사하면서 다양한 목적을 지닌 많은 사람들이 방문하고, 그들이 자신의 공간성과 영역성을 나타내며 다양한 공간을 연출한다는 사실을 알았다. 자기방식대로 공간을 연출하지만, 서로의 행동들이 연계되어 있는 모습 또한 쉽게 발견할 수 있었다. 예들 들면 사람들이 많이 다니는 곳에 베스트셀러 코너가 있지만, 그곳에 몰려있는 사람들은 그곳에 지금 사람들이 많이 다니지 않더라도 메인 동선을 방해하는 복도 쪽에 서서는 책을 잘 보지 않는 현상을 보면서 쉽게 알 수 있다.

서점에 사용된 공간. 즉, 현관, 복도, 입구의 홀, 계단실, 로비 등은 이들 본연의 목적보다는 그곳을 찾는 사람들과 상호 작용을 한다. 복도는 A라는 장소에서 B라는 장소까지 가기 위한 길의 역할만 하는 것이 아니라 사람들이 책을 선택하는 시간을 주는 시간의 공간, 원하는 책을 골라 볼 수 있는 머무름의 공간의 역할도 해야 한다는 것이다. 이처럼 건축 디자인은 우리의 행태와 관련되어 있는 일이 많다. 디자인은 우리가 행하는 모든 행태에 직접적인 영향력을 가지고 있기 때문이다.

서점 입구에 들어오면서부터 자신의 목적을 달성하고 다시 출구를 나서면서까지의 일련의 모든 행동은 매우 중요한 문제이다. 따라서 디자인이 인간행태를 무시한다면, 이는 인간의 속성을 무시하는 것이다.

찜질방에서의 인간행태

_ 김정율
_ 허미진
_ 김혜진

찜질방은 온천이나 뜨거운 물이 아닌, 하나의 방에 어느 정도의 열을 주어 그 안에서 땀을 흘리는 곳이다. 또한 지금의 찜질방은 단지 찜질을 한다는 행위의 장소뿐만 아니라, 안마, 사우나, 영화관람 등 그 안에서 다양한 행위들이 이루어지고 있으며, 그로 인해 남녀노소 누구나 와서 즐길 수 있는 하나의 문화장소로서 자리매김하게 되었다.

우리가 정한 찜질방은 방이동에 위치한 찜질방으로서, 다른 찜질방들에 비해 규모가 크고 다양한 프로그램이 있어 많은 사람들의 행태를 알 수 있는 적합한 장소라 생각하여서 이곳을 선정하게 되었다.

이 건물은 지상 7층, 지하 2층의 건물로서 건물 전체가 하나의 레저공간으로 이루어져 있다.

1층 평면을 봤을 때 우측 한편으로 매인 입구가 위치하고 있으며 그 정면으로 매표소, 신발장이 위치하고 있다. 남녀 탈의실의 입구는 진입 홀의 좌측 부분에 위치하고 있으며 진입 홀과 복도로 연결되어 있다. 그리하여 사람들은 입구를 지나 매표소에서 표를 끊고 신발장에 신발을 벗어 놓은 후, 남녀 각각의 탈의실로 향하는 동선이 이루어진다.

1층 홀 좌측에는 작은 공간 하나가 위치하고 있다. 이 공간의 위치는 진입문에서 매표소로 이동하는 동선 사이에서 다른 한쪽으로 비켜 있기 때문에 진입동선에서 방해를 받지 않도록 되어있다. 이 공간에서 사람들은 앉아서 쉬기도 하고, 아직 나오지 않는 일행을 기다리기도 한다. 그리하여 이 장소에 있는 사람들의 대다수의 시선이 매표소의 출구방향을 향하고 있는 것이다. 매표소와 신발장을 지나 찜질복을 받고 탈의실로 향하는 복도의 옆을 보면, 이 사진과 같이 각 층별 Space Program에 대해 한눈에 알아볼 수 있는 Plan Configulation이 붙여져 있다.

이것이 진입구에 붙어있어 이용자가 원하는 장소가 어느 위치에 있는지 쉽게 알고 알아갈 수 있도록 Wayfinding을 유리하게 해주는 역할을 하고 있다. 복도를 따라 가보면, 우선 남녀 각각의 사우나 입구가 있고 그 입구를 통해 들어가서 짐을 풀고 간단한 샤워를 하고 다시 찜질방으로 갈 수 있게 공간구조를 해 놓았다.

사우나 안에 있는 그 찜질방으로 가기 위해서는 한 층의 계단이 이것은 찜질방이라는 공간의 MainCore의 역할을 하고 있다. 코어 진입부에 층별 안내 표지가 있어 찜질방 진입 전에 다시 한 번 전체적인 Program을 인지시켜 주고 있다. 계단은 돌음계단 형태이며, 계단참 부분에 유리블록을 사용하고 있다. 이곳에 유리블록을 사용함으로써 주야 외부 밝기에 의한 대략적 시간을 알려주는 역할을 하고 있으며, 공간적으로는 닫혀있지만 시각적으로는 반 열린 공간의 역할을 하고 있는 것이다.

그 계단을 오르면 넓은 홀이 보이는데, 이 계단이 이 전체 건물의 중간에 있다는 것을 알 수 있다. 이 계단을 중간 기점으로 하여 왼쪽을 보면 service 공간(식혜나 커피 와 같은 음료수점, 네일아트점, 악세서리점, 식당가 등..)이 있어 중앙 홀에서 음식이나 물건 판매대를 볼 수 있게 해두었다. 이는 이곳의 이용자들에게 eye-shopping의 즐거움과 접근의 용이성을 제공하여 고객들의 판매욕구를 증진시켜 이용자들로 하여금 물건을 사게 만드는 심리를 반영한 공간 형태였다. 홀의 오른쪽은 여러 테마로 꾸며진 찜질방들과 그에 따른 휴게공간들이 위치해 있어 음식을 먹고 휴식을 취하는 사람들과 분리되게 하였다. 이 공간은 용도별 Grouping이 잘 되어 있다고 볼 수 있었다.

3층 또한 2층과의 평면구성에서 휴게공간의 크기가 줄어들고 수면공간이 생겼다는 것 외에는 크게 다른 것 없이 거의 흡사하다. 2층과 3층 동선체계와 설비를 고려하여 중앙 계단을 중심으로 좌우 두 개의 프로그램으로 나눈 전체 구성은 같지만 사람의 이동이 제일 많은 2층의 좌측은 식당가를 두고, 상대적으로 3층은 조용해서 좌측은 수면실로 이용되고 있었다. 이는 하층에서의 공간 체험을 토대로 상층에서의 Wayfinding을 쉽게 하려는 의도가 담겨 있는 듯하였다.

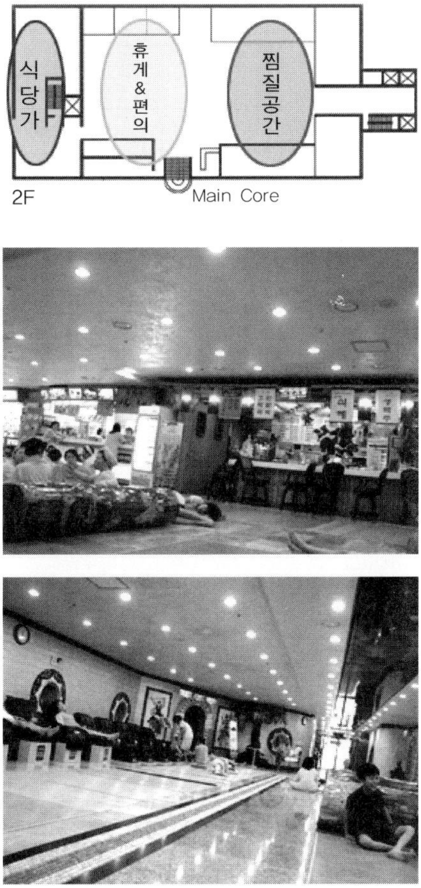

찜질방 2층의 도면과 행태

이 건물은 원래 찜질방 용도로 설계된 건물이 아니고 중간에 리모델링 했기 때문인지 각 층에서의 찜질방과 방 사이의 공간들이나 여러 서비스 공간들 사이에서 생기는 Dead space 가 많았다.

하지만, 그런 공간들을 작은 조경으로 꾸며 놓았으며 그렇게 꾸며놓지도 못한 공간조차도 삼삼오오 모여 수다를 떨거나 집에서 싸온 간식들을 먹으며 시간을 보내는 모습을 볼 수 있다. 그리고 밤에 본 그 공간의 모습 또한 유용한 장소로 쓰이고 있었다.

분명 수면실이라고 따로 편히 잘 수 있는 공간이 있는데도 사람들은 그 작은 공간에서 자기를 선호했다. 우리가 해석하기를 이는 대중 속에서도 자

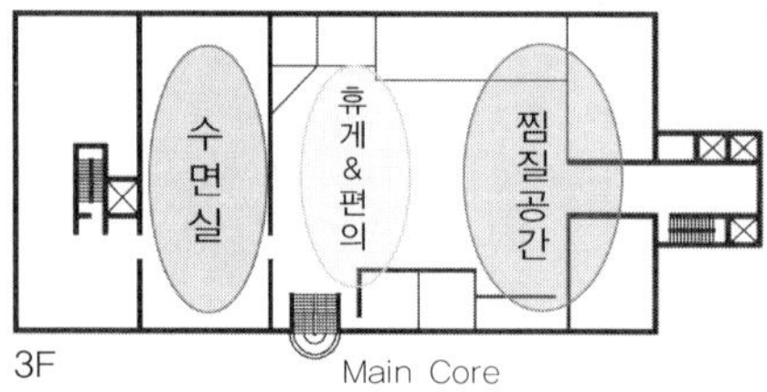

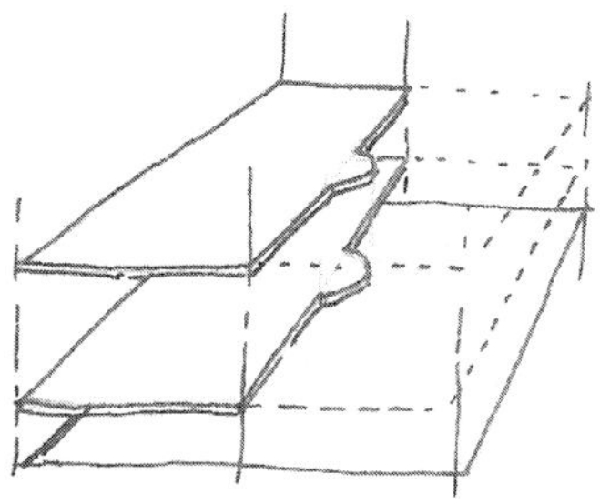

3층 도면과 행태들

신만의 고유한 공간을 갖고 싶어하는 심리가 반영된 행태로 보여진다. 건물의 Dead space는 자칫 잘못하면 그야말로 쓸모없는 공간이 될 수 있는데, 사람들은 이 Dead space의 작은 공간을 아늑하게 여겨 건축가가 의도하지 않았지만 잘 활용하고 있었다. 우리는 이 점을 재미있게 느꼈다. 이 찜질방 설계 당시 user group의 의견을 잘 반영하였으면 더 좋은 공간으로 활용할 수 있지 않았을까 생각을 했다.

2층과 3층 중앙 홀에는 여러 개의 통나무들이 일정 간격으로 놓여 있었다. 이 통나무는 인테리어 요소도 되지만 그 통나무들 사이에 사람들이 모여 TV도 보고, 찜질을 하고 난 후 휴식도 취하고, 집에서 가져 온 책도 읽는 등 여러 가지 행위들이 일어나는 것을 볼 수 있었다. 그리고 통나무는 두께가 꽤 두꺼워서 다른 사람들과 자신의 공간을 어느 정도는 구역을 정해주는 역할을 하는 듯 보였다. 그리고 재미있었던 점은 통나무 하나도 여러 용도로 쓰이고 있다는 것이다. 등을 기대어 휴식을 취하는 사람도 있었고 올라타 노는 애들도 있었으며 다리를 올려 운동기구로 사용하는 사람들도 있었다. 이처럼 사람들의 심리를 반영한 행태가 다양하다는 것을 알 수 있었다.

복도라는 뚜렷한 개념의 곳은 없었지만 중앙 홀 가운데로 가지런히 놓인 이 통나무들의 가장자리들은 저절로 복도로 쓰이고 있었다.

7층까지 다양한 프로그램들이 있는데도 불구하고 사람들은 주로 2~3층에만 머물러서 시간을 보내는 것을 볼 수 있었다. 2~3층에 주된 목적인 여러 테마의 찜질방이 있어서도 그렇겠지만 코어시스템 상, 중앙계단이 3층에서 끝나고 4층으로 올라가는 계단이나 엘리베이터는 양쪽 끝이 잘 보이지 않는 곳에 위치해 사람들이 4층 이상 프로그램들을 이용하는 동선의 흐름을 끊게 되었다. 그래서 대피할 만한 비상구가 부족하다는 것과, 커다란 홀만 있을 뿐 복도 개념이 없어 이동하고자 하는 사람들과 앉아서 휴식을 취하려는 사람들과의 동선이 엉키고 있다는 것이다. 그리고 또 한 가지, 1층의 진입부분의 매표소 앞은 나가려는 사람과 입장 하려는 사람들로 항상 붐비는 곳인데도 불구하고 너무 협소한 면적으로 구성되어 있어 많은 혼잡을 초래하고 있다.

통나무를 중심으로 한 사람들의 다양한 행태

찜질방은 우리나라의 고유문화인 온돌문화와 좌식문화의 반영이라는 생각이 든다. 이는 다양한 세대가 함께 어울리는 특별한 놀이문화가 없는 우리나라 실정에서, 놀이문화와 사우나와 때밀이로 대표되었던 목욕문화가 한데 어울려 찜질방이라는 하나의 새로운 문화로 거듭나고 있는 것 같다. 또 사회의 주 5일제 추세와 맞물려 여가 스포츠 생활 관심도와 '웰빙' 바람에 이은 건강에 대한 관심도의 증가도 찜질방의 확산에 커다란 몫을 하고 있는 것이다. 사회가 복합화 되고 있는 만큼 찜질방도 찜질만 하는 행위에만 그치는 것이 아니라 만화방, 어린이 놀이터, 영화 상영관, 스포츠 센터, 수영장, 보드게임장, 스포츠마사지실, PC방, 노래방, 실내골프장 등 다양한 프로그램들이 마련되어져 있어 한 장소에서 다양한 행태들이 벌어지고 있다. 그리고 그것들을 남녀노소 누구나 즐길 수 있고, 여러 가지 문화를 접할 수 있어 찜질방은 하나의 multiplex장 되어가고 있다.

Life style Change and Adaptation

생활양식의 변화와 적응

_정무웅

1. 현상관계의 계층적 구조

본고 내용상 특성은 현상으로서의 건축으로 되어 있고, 가시적이고 감각적으로 체험될 수 있는 건축 뒤에 내재되어 있는 요소를 성찰하여서 건축의 본질을 파악해 보고자 하는데 있다고 하겠다.

모든 사물이나 사상(事象)은 안과 밖이 있고, 이 안팎은 보는 관점에 따라서 치환될 수 있기 때문에 안과 밖은 상대적인 양면인 동시에 하나이다.

다만 보는 관점에 따라서, 그 구성순서상 앞이냐 뒤냐 하는 표면으로부터 속으로의 순서로 이해할 수도 있고, 반대로 핵심적인 원형(原型)에서 성장, 파생되어서 변두리로 진행되는 순서로서 이해할 수도 있다. 또한 이는 내용과 형식으로 양분되나, 내용은 형식에 의해 체계화 되어지고, 충실해지며, 형식은 내용을 담는 틀로서 내용과 불가분의 관계에 있으면서 내용을 보완하고 밖으로 표현한다.

미학자 N. Hartmann은 그의 저서 《미학(美學)》에서 건축예술의 인식과정에서의 현상관계(現像關係)에는 외부형태에서부터 내부공간의 형태를 느끼게 되고, 이때에 이것을 가시적인 전경(前景)이라 하였고, 그 가시전경 배후에 현상(現像)하는 공간적, 물질적 형태 이상의 그 시대정신, 행태(行態), 지방색, 시대정신으로서의 후경(後景)이 있으며, 이는 인식되어지는 과정(순서)으로서 계층성(階層性)이라고 하였다. 즉 전경을 통해서 투시되는 후경을 4개의 계층적 구조로 분석하였다.

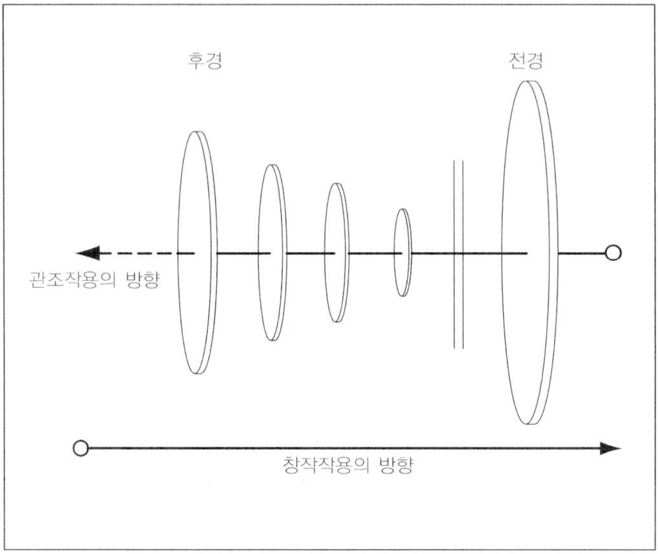

현상관계 인식의 계층성

예를 들면 초상화에서 느낄 수 있는 계층성은 첫째는 묘사된 인물의 외면적, 物的인 계층, 둘째는 이 물적 계층에서 나타나는 생명계층, 마지막으로 이 심적 계층 토대 위에서 나타나는 정신적 계층이 있다고 하였다. 건축에서는 전체 현상관계(現象關係)가 외면층(外面層)에서 내면층(內面層)으로, 계층적으로 인식되어진다고 하였고, 외면층에는 설계도에 표현되는 목적구성과 양의 규제와 조직분배에서 나타나는 공간구성 그리고 재료의 저항으로서의 역학적 본질에 기인하는 재료의 사용과 고유 법칙성이 있고, 내면 층에는 실제적 과제 해결에 있어서의 정신, 의의와 공간구성과 역학적 구성에서의 부분과 전체의 모든 표현, 그리고 실제적 목적과 대립되는 생활의지와 양식이 있다고 하였다. 즉, 우리는 어느 예술작품의 현상관계를 이해하는 인식과정에서 외면 층으로서의 전경을 이해하고, 그 다음에 내면층으로서의 후경을 이해하는 계층적 질서를 체험하며, 이러한 계층적 질서를 통해 사물의 현상구조 파악에 쾌감을 줄 수 있다. 또한 인식과정 또는 관조 작용은 외면층인 전경으로부터 내면층인 후경으로 계층화되어 가며, 창작 작용은 내면층인 후경으로부터 외면층인 전경으로 계층화된다. 사물이나 사상(事象)을 전경과 후경으로 단계적으로 파악, 인식하고자 하는 접근 자세는 생활현상을 외적 양태(exterior behavior)와 내부 구조체계(interior structure system)로 분리·접근하는 자세와 같다고 할 수 있다.

2. 건축의 문화현상과 생활행태

건축(architecture)은 건물(building)과 구분되어서 이해되어야 한다. 즉, 건물은 구조체계와 재료배분 및 기술적 환경설비 체계 등의 물적(物的) 요소와 그러한 물적 요소의 조직체계 속에 공존하는 공간과 시지각 대상으로서의 심미적 형태 등을 이르고, 건축은 건물의 목적의식, 시대배경, 역사적 장소성, 주변과의 상관성(context), 기능용도 그리고 무엇보다도 중요한 것은 그 속에서의 생활의 총체적(holistic) 내용으로 이해하기 위함이다.

이는 주거와 거주에도 함께 적용되는 사항으로서, 주거란 실질적인 생활과 그 생활이 영위되는 배경적 장치(건축 환경)로 이해할 수 있고, 생활↔환경간의 상관적 현상관계를 파악하는 것은 건물의 단계를 넘어서 건축문화현상으로 이해하는 데에 매우 중요한 요인이다. 문화란 매우 포괄적이고 추상적 총체개념으로서, 라틴어의 cultura에서 파생된 번역어이며, 그 본래의 뜻은 경작, 재배이다. 문화에 대한 사전적 개념은 『인류에서만 볼 수 있는 사고(思考), 행동양식(행태) 중에서 유전에 의한 것이 아니라 학습에 의해서, 소속하는 사회로부터 습득하고 전달받는 것 전체』를 포괄하는 총칭이다.

문화에 대한 개념 정의는 관점에 따라서 수십 종류가 있으나 대체로 다음과 같은 세 개의 개념으로 집약된다.

① 어느 집단의 생활양식(A Way of Life)

② 상징매체를 통해 전달되는 일련의 상징, 의미, 규범(System of Symbols, Meanings and Schemata)

③ 자연과 생태계에서 생존을 위한 일련의 적응단계 (A Set of Ad-aptative Strategies)

즉 위의 사항을 요약하면 「시간을 통해 학습에 의해 전승하는(받는) 생활양식, 생활규범과 생태적 적응현상」 이다. 또는 「일련의 인간의 학습을 통해 정착된 행동양식(A Set of Human Behavior)」 이다. 이 때 주요 관심사항은 어느 지역, 시대의 인간의 행동양식(behavior)에 의해서 표현되는 생활양식(life style)과 그 생활양식 속에 내재되어 생활에 기준이 되어 주도하는 상징적인 생활규범(meaning and schemata), 그리고 이를 위한 일련의 생존적응수단(adaptative strategies)이다. 즉, 문화는 생활환경↔행동양식간의 상관적 관계(environmental behavior relationship)를 통해 드러나는 현상이고, 그 상관성은 문화의 주요한 요소이다. 인간생활을 위한 모든 생활환경과 행동양식(behavior)과의 상관적 현상인 문화개념은 건물은 물론이고 그 안팎에서의 생활과 깊이 관련된다. 생활을 담는 그릇으로서의 건물과 담겨진 생활 자체를 포함한 포괄적인 총체가 문화이다. 건축을 한다는 것 또는 건축이 존재한다는 것은 하나의 문화현상(culture in architecture)이고, 그 형태나 내용(공간질서+생활양식)의 체계화 작업(계획 및 설계)은 그것이 속해있는 문화환경에 의해 큰 영향을 받는다.(architecture in culture)

3. 생활환경과 행동양식

「인간이 건축환경을 만들고, 그 다음에 그 환경이 인간을 만든다.」 처칠의 말이다. 환경이란 「유기적 생명체는 물론 그를 에워싸서 영향을 주고받는 유형·무형의 모든 것(surroundings)을 의미한다. 그 중에서 건물을 포함한 인공 환경과 인간행태와의 상관성은 건축을 문화현상으로 이해하는데 매우 유효한 관점임을 전술한 바 있다. 이 경우 어떤 생활환경과 그 환경을 배경으로 형성된 행동양식을 포함해서 새로운 문화환경이 되는 순환관계에서 상호작용되는 현상 또한 주요한 사항이다.

상기한 바와 같이 생활양식(life style)은 어느 지역·집단의 누적된 여러 행동양식에 의해서 표현되고, 이 행동양식(행태)은 일상생활 속의 여러 행위 및 행위조직(activity & activity system)의 조합으로 표현된다.

이 때에 행동양식이나 행위 등은 그 시대의 시대정신, 종교, 가치관, 윤리성 등에 의해 조절·형성된다. 인간의 단위행태나 그들의 연속된 체계(behavior system)와 이에 적합한 또는 이에 대응하는 생활환경조직(setting system)과의 상관관계의 현상화 작업은 인공환경계획(설계) 단계에서 매우 유효한 계기가 되었음은 여러 연구결과로써 제시된다.

이때에 행동양식의 누적된 생활체험 속에서 그 의미나 상징성(meaning & symbol)의 동질적 이미지(identity)의 발견 및 내면적 구조의 도형화 작업은 설계 작업에 기본단서를 제공하는 주요사항이다. 단위인간행태나 그들의 연속된 체계 속에서 그들 상호간의 순서, 거리, 방향, 위치, 크기 그리고 중요도의 상관관계를 체계적으로 도형화하는 작업은 현상관계를 가시적으로 드러나게 하여서 그 기본개념 파악이 가능해진다.

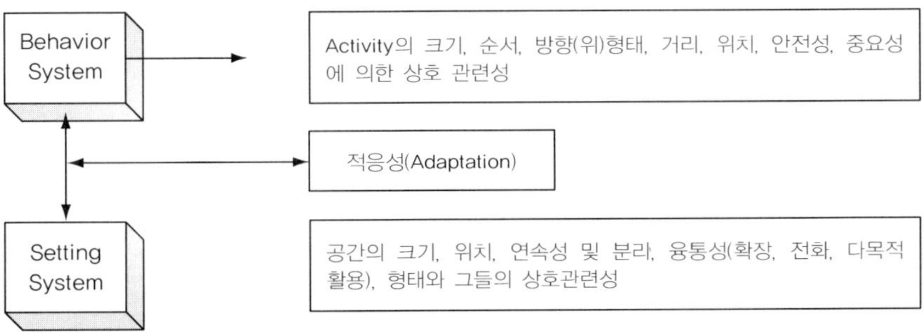

인간의 단위행태와 생활환경조직의 상관관계

생활환경에 적응하는 행동양식의 보편적 경향의 파악을 통해서 설계작업에 접근하여 적용이 가능한 디자인 지침을 발견할 수 있으나, 이 때에 주된 경향(majority tendency)으로서 간과할 수 없음이 환경↔행태 측면에서 생활문화 현상을 바르게 이해할 수 있는 접근자세이다.

4. 생활적응과 융통성

생활은 고정되어 경직된 것이 아니라 항상 유동적으로 변화한다. 끊임없이 유동적으로 변화하는 것이 생물의 특성이고, 이러한 변화의 동인(動因)을 한계 없이(open-ended) 그리고 여러 가지 측면에서 접근하여 있는 그대로의 현상이 드러나게 함은 건축행위를 문화현상으로 이해하고 생활화하는데 필수적인 사항이다.

건축을 구성하는 여러 가지 요소들의 복합적 그리고 대립적 구성은 현대건축의 특성인 동시에 현대건축을 바르게 이해하여서 건축행위에 적용하는데 어려운 요인이 되기도 한다. 건물의 용도가 복합적으로 구성되고 사용자 계층이 불특정 다수로 형성되어서 건축공간의 배분과 조합에 어려움이 있었음을 많이 체험한바 있다. 현대생활의 다양한 변화에 적응하기 위한 건축행위의 수단으로서 생활환경은 어떻게 변화하여야 할 것인가? 하는 것이 현대건축문화의 어려운 점이다. 상황의 변화(시간, 지역, 요구)에 따라서 생활양식이 변하고, 그 생활을 담는 생활환경 역시 변한다. 이때에 쉽게 또는 빠르게 변하는 요소를 주변요소(periphery elements)라 하고, 변치 않거나 느리게(조금씩) 변하는 요소를 핵심요소(core elements)라 한다. 핵심요소에서는 언어, 종교, 가족제도, 식사, 영역성이나 사적보호의식(privacy), 생활규범이 있고, 시간의 변화에 따라서 그 종류, 크기, 정도 등은 점차 약화되고, 반면에 주변요소의 종류, 크기, 범위 등은 증대한다. 즉 주변 요소는 생활환경에 빠르게 적응하며 동화하지만 문화적 핵심요소는 생활 속에서 오랫동안

상치 · 대립 · 충돌하면서 아주 천천히 생활양식을 변형시키거나 생활환경을 일부분 변형시키면서 적응한다. 이러한 적응과정을 거치면서 새로운 행동양식으로 정착하게 된다. 또한 아모스 라포포트는 건축을 구성하는 요인들을 그들의 가변적 융통성을 중심으로 3가지로 구분하였다.

이는 고정요소(fixed elements), 반고정요소(semi-fixed elements), 그리고 비고정요소(non-fixed elements)가 있으며 고정적 요소에는 도로시스템, 건물 주요구조부, 설비시스템, 동선체계뿐 아니라 정신적 · 문화적 정주양식을 포함하여 정리하였다.

다양성 요구에 적응하기 위한 개념으로서, 가변적 융통성(flexibility)의 사전적 개념은 유연한 상태, 즉 외적양태를 크게 손상시키지 않고 내용을 변화시킬 수 있는 능력으로 정의하고 있다. 주요한 성능의 안전성이 유지되면서 형태나 조직을 변경시키는 능력이며 변화에 적응하는 능력이기도 하다.

또한 가변적 융통성은 경직성(rigidity)에 상대되는 개념으로, 이 경직성에 해당되는 요소는 전술한 고정적 요소와 관련되기도 한다.

생활환경↔행동양식의 적응가정에서 가변적 융통성을 증대시키기 위해서는 경직성 요소의 크기, 종류 등을 감소시킴으로써 가능하고, 반고정 또는 비고정 요소에 대해 적절한 조절방안이 필요하다. 고정요소가 결정된 상태에서의 생활환경에서는 고정요소란 변화할 수 없는 중요한 요인이며, 가변의 과정에서도 유지되어야 할 요소이다.

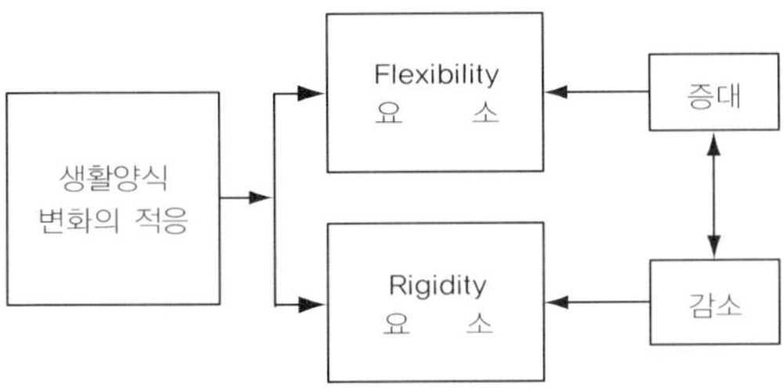

생활양식변화의 적응

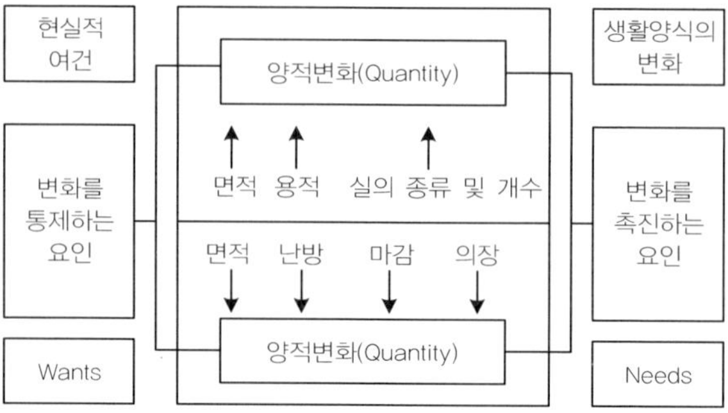

생활양식의 변화체계

이때 고정요소로서의 생활양식과 생활환경 요소의 양면적인 접근을 통한 복합성이 고려되어야만 다양한 변화요구에 대응할 수 있는 건축문화가 이루어질 수 있다. 시대정신으로서 정통적인 유교사상에 영향을 받아 형성된 생활양식은 근대화 과정을 통해서 많이 변질되었으며, 이 중 비교적 변하지 않은 생활양식으로서의 문화적 고정요소로는 전통적 덕목인 상하의 개념(위계, 중요도)과 기본 생활방식으로서의 좌식생활 그리고 전통적 식생활 유지와 조리방식 등이 있다. 이에 따른 주택의 고정요소로는 첫째, 안방의 위치 및 활용(주거 내에서 가장 남쪽의 안쪽에 위치하며, 실들 중 가장 크며 상하석의 좌석 결정) 둘째, 온돌방의 유지(평면변화와 다른 실의 입식화에 불구하고 방바닥은 온돌로 처리) 셋째, 안방과 부엌의 관계유지(대개의 경우 안방과 인접하여 부엌을 배치하거나, 거실과 연결된 부엌의 경우에는 안방의 문과 대각선 유지) 등이 생활양식과 결부되어 유지되고 있다. 또한 반고정적 요소는 절대적 불변요소가 아니라, 가변화 가능성이 많은 요소로서 고정적 요소에 부가하거나 기능의 변화로써 주거의 적응력을 증가시킬 수 있는 요소이며, 이러한 반고정 요소로는 집안의례, 행사의 변화와 입식과 좌식의 혼재를 들 수 있다.

5. 끝으로 : 통시적(通時的) ↔ 공시적(共時的)

앞에서, 어느 사물이나 사상(事象)의 현상관계에는 여러 개의 층(layer)이 있음을 알 수 있었고, 이러한 여러 층들은 계층적으로 연계되어서 대상에 대한 총체적 이해가 가능함을 확인할 수 있었다.

건축을 문화현상으로 접근하기 위해서는 겉으로 드러나 보이는 외면층 배후에 존재하는 내면층이 원인·동기와 배경으로 공존함을 확인해야 하고, 이러한 내면 층을 이루는 요인에는 시대정신으로서의 사상과 생활관습 등이 있고, 그 겉에 표현되는 외면층에는 생활환경 요소로서의 공간성을 포함한 물적 요인이 원인·동기와 결과로서 함께 존재함을 파악해야 한다. 시간의 변화과정을 추적하는 통시적 접근방법과 각 층의 구성요소들 간의 수평적 현상 관계를 파악하는 공시적 접근방법이 함께 진행된 때에 건축의 문화현상은 총체적으로 올바르게 이해될 수 있다.

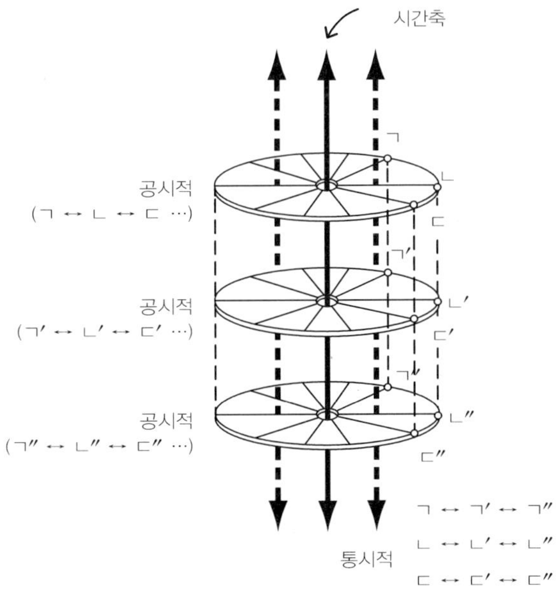

통시적 접근과 공시적 접근

[Setting별 분류]

No	Setting System	제 목	이 름
1	코엑스	지하쇼핑센터, 코엑스 몰에서의 사람들의 행태	정일용 이병효 김지훈 김기훈 최은주
		코엑스 몰 입구에서의 행동패턴조사	김재형 황선우 김원방
		코엑스를 통해 본 선큰과 오픈스페이스의 Behavior Setting System 연구	김현광 김민재 서민선 김애라 고강남
		코엑스 선큰가든 내에서의 인간의 행태적인 특성에 관한 Setting System	김정태 김영호 이정남 한재필
2	공 원	탑골공원에 방문하는 노인의 행태	이상학 조영광 홍원기 전준모 박원
		도심속 휴게공간의 행태분석 및 방안 제시	이미경 배정요 차미희
		탑골공원과 종묘공원을 중심으로 한 노인 행태 탐구	공종필 서형준 오승진 장은영
		도심속 공원에서의 행태분석(파고다, 마로니에)	이승구 이상수 조광호 신동기
3	지하철	한남역을 이용하는 보행자들의 행태	양윤정 최지현 한혜민 황혜영 원은주
		강남역 지하분수, 광장의 setting과 behavior	조한길 정철호 안병선 이용현 이정선
		동대문운동장 지하철역에서의 이용객 행태 조사	신용석 이수경
		전철에서의 사람들의 행동들	이은정 김철
		지하철역 안에서의 행태	이진영 천혜미 강유라 양희숙 한규옥
4	단국대학교	캠퍼스 보행자 행태 분석	김민관 김태혁 정현용 홍종호
		한남동 사거리에서 단국대학교 Wayfinding	서정환 박재호 정인성 김현일
		학생회관 식당내 영역성 형성을 중심으로	류재근 김진욱 송승원 한정욱 김영빈 김해중
		단국대학교 퇴계기념도서관의 공간조직과 Wayfinding	오정민 박정란 김경은 안상민 김우석
5	커피전문점	스타벅스에서의 인간행태	한승훈 유진우 김진섭
		take-out전문점에서 이루어지는 행태	김준희 박민경
6	화장실	백화점 여자 화장실에서의 행태	김양미 정고운 이혜진
		화장실 내에서의 인간행태와 심리	이상준 이익수 정우람 오재혁 하재환

No	Setting System	제 목	이 름
7	백화점	백화점내에서의 소비자 심리에 따른 공간 구성과 동선체계	엄재용 권진환 서동옥 원용민 박근형
		백화점 내에서 관찰되어지는 인간행태 조사	박용기 박한빛 한영일 강두식 양경선
8	서 점	영풍문고에서의 인간행태	김경훈 안원기 조준호 이주영
9	찜질방	찜질방 내에서의 행태분석	김정율 김혜진 허미진
10	아이스 링크	롯데 아이스링크	김경혜 이나경 송현직 박주진
11			오세준 유낙환 류제원 박미영
12	기타	사례를 통해 본 인간행태와 건축	박재찬 이현정
		setting system과 behavior 특성 조사	김종도 박혜옥 신경진 조경숙 이필호

사람·삶·삶터
건축·인간·행태

2006년 4월 20일 인쇄
2006년 4월 25일 발행

편 저 자 정 무 웅
발 행 인 강 해 작
발 행 처 기 문 당
주　　소 서울시 성동구 하왕십리동 966-22
전　　화 02) 2295-6171(代)~5
팩　　스 02) 2296-8188
출판등록 1976. 10. 7(1-44)
홈페이지 http://기문당
http://www.kimoondang.com
I S B N 89-7086-880-1　93540
정　　가 10,000원